渡边真纪 著　张旭 译

厨房就是
家的味道

『每日、こまめに、少しずつ。ためないキッチンと暮らし』

北京时代华文书局

图书在版编目（CIP）数据

厨房就是家的味道：今天也要用心过生活 ／（日）渡边真纪著；张旭译.
— 北京：北京时代华文书局,2017.2
ISBN 978-7-5699-1372-9

Ⅰ．①厨… Ⅱ．①渡… ②张… Ⅲ．①厨房－基本知识②菜谱－日本
Ⅳ．① TS972.26 ② TS972.183.13

中国版本图书馆 CIP 数据核字（2017）第 012253 号
北京市版权局著作权合同登记号 图字：01-2015-5722

MAINICHI, KOMAMENI, SUKOSHI ZUTSU. TAMENAI KITCHEN TO KURASHI ©2014 Maki Watanabe
Edited by CHUKEI PUBLISHING
Original Japanese edition published by KADOKAWA CORPORATION
Simplified Chinese Character rights arranged with KADOKAWA CORPORATION
Through Beijing GW Culture Communication Co.,Ltd.

厨房就是家的味道：今天也要用心过生活

CHUFANG JIUSHI JIA DE WEIDAO ： JINTIAN YE YAO YONGXIN GUO SHENGHUO

著　　者 |（日）渡边真纪
译　　者 | 张　旭

出 版 人 | 王训海
选题策划 | 陈丽杰　李凤琴
责任编辑 | 陈丽杰　李凤琴
装帧设计 | 龙　梅　段文辉
责任印制 | 刘　银　訾　敬

出版发行 | 北京时代华文书局 http://www.bjsdsj.com.cn
　　　　　北京市东城区安定门外大街 136 号皇城国际大厦 A 座 8 楼
　　　　　邮编：100011　电话：010 - 64267955　64267677
印　　刷 | 北京卡乐富印刷有限公司　60200572
　　　　　（如发现印装质量问题，请与印刷厂联系调换）
开　　本 | 880mm×1230mm　1/32　印　张 | 6.5　字　数 | 105 千字
版　　次 | 2017 年 3 月第 1 版　　印　次 | 2017 年 3 月第 1 次印刷
书　　号 | ISBN 978-7-5699-1372-9
定　　价 | 39.80 元

前言
厨房就是家的味道

真正美好的生活，是你认真品尝过的每一种味道，是你为家人下厨房时挑选的每一种食材，是你全身心和家人相处的每一分钟。一旦你开始整理自己的厨房和生活，你会发现，这其实是一种生活态度，它会为你带来美好舒畅的心情。

我工作的地方就是厨房，家务和工作，我的一天从厨房开始，在厨房结束。时常不知不觉就在厨房度过了一天的时光。

这里是我一天中停留时间最长的地方，所以我总是调整烹饪器具的摆放以便于使用，打扫以保持厨房的清洁，尽量使这个空间变得让人舒服。就像在公司工作的职员一样，感到"有一个整齐干净的办公桌，工作也会进展得顺利一些"，对我而言，有一个整齐干净的厨房，会让我在工作和做家务时感到心情愉悦，进展也会顺利。

有时我会被问到"怎样才能有条不紊地烹饪""怎样才能高效

率地做家务"这样的问题。其实在繁忙的生活中我也很难做到有充裕的时间烹饪料理，以及认真慢慢地打扫卫生。

因为烹饪的工作，有时在杂志、书籍上需要刊登出我的菜谱，有时也要接受一些关于身边生活琐事的采访，并且作为一个主妇，一个孩子的妈妈，既要做家务还要照顾孩子，所以每天都得过得匆匆忙忙。那些需要工作的妈妈们也和我一样，常会感到每天被很多"不得不做的事"在身后追赶着。

哪怕是一点点的拖延，都会使一餐饭变成随随便便的一顿，一点点的堆积也会让我懒得去打扫和整理。可实际上，如果在积累前就"每天一点点、勤快地做一些"，做饭也好做家务也好都会一下子变得轻松起来。

比如，准备晚饭小菜的时候，可以顺便做一些被称作"储备菜"的"小菜原料"，以备不需之用。这些"小菜原料"可以作为一种决定料理口味的辅助调料使用。再比如一些容易堆积污垢的地方，每天一点一点地打扫，就不会留下污渍；餐后收拾的时候，顺手把脱油烟机的风扇给擦干净等。

虽然是一件一件很小的事情，稍微提前做一点点事先的准备，长期坚持你就会惊奇地发现，在不知不觉中，事情进展得非常顺畅。事先做出预判，勤勉地去做准备，我把这称作"应该要做的事"。为了舒心顺畅轻松过生活，拥有流畅的生活节奏和良性循环，是非常重要的。

但是，也要注意，有时很贪心一下子做很多的事情，也不能持续很久。疲劳积累到一定的程度，就得让自己放松下来，或者悠闲地喝一杯茶，慰劳一下自己。好好恢复一下元气，明天又是一个新的开始。这样的节奏才是可持续的。

这本书是我经过了各种尝试，自认为呈现了"现阶段最好的方法"。如果读者朋友在不经意间翻到某一页，可以从中获得一些巧思和启发，让自己每天过得舒适一些，我会感到无上的喜悦。

营造一个舒心生活的理想厨房，不仅需要有生活的智慧、整理的技巧，还要有对生活的热爱。厨房就像爱人的手，生活虽忙碌疲惫，但每天在厨房做饭的心情却充满阳光，好做饭，好好吃饭，多陪家人，爱美食、爱分享、爱世上美好的一切。

这本书的读者，如果能够参考本书找到适合自己生活的方式，那就是我的幸运。如果你们在不经意间翻到某一页，可以从中获得一些巧思和启发，让自己每天过得舒适一些，这会让我感到无上的喜悦。

目录
CONTENTS

第四章　每日从容下厨房，用心烹制"我家"味道

第五章　好的生活，就要认真对待每一餐

第一章

▽

用爱和真心，打造一个舒心的厨房

选择顺手好用的厨房用具
注重食物与餐具的搭配
餐具也能美美地收纳
明确每件物品的位置

其实，一个人的整理收纳，即是她的生活习惯，她的思考方式。

明确每件物品的摆放位置

物品的摆放，不仅仅是一个人的生活习惯，还是一个人的品味和思考方式的
体现。

　　物品的摆放，不仅仅是一个人的生活习惯，还是一个人的品味和思考方式的体现。人们常说整理房间的秘诀就是"确定物品的住所"，这也成为了人们常说的铁则。我虽然也会给物品定一个放置的位置，可是也时不时地在考虑"能不能更合理一些""还有没有更好的放置方法"，一般不会把"放置位置"固定下来或是有先入为主的概念。经常更换，找到物品在这个阶段、这个环境下使用最便捷的摆放位置。

　　比如器皿的收纳。为了便于料理的摄影，我需要拥有相当数量的器皿，所以我的餐食器皿不只是放置在厨房的收纳架上，在我的起居室靠墙有一个带门的食器收纳柜，在那里也放置了不少我的餐食器皿。但是每天早上我们一家三口早餐用的器皿，都另外放在炉后的抽屉柜里。做晚餐时，我可以有充分时间挑选合适的食器，不过在分秒必争的早上，每天用相同的器皿也完全没有问题。为了缩

短取出的时间，特意设置了一个转身就能拿得到的距离。

另外，客人用的茶盅类可以放在冰箱边架上的竹筐里。那些熟识的朋友来家里聚餐时，可以轻松自由地取用。小碟子类则收在旁边的桐木膳箱里。

我会对食器架做一年两次的"大调整"，另外再加上频繁的位置微调。有一个时期会集中使用那几件特别中意的器皿，当然也会有备受冷落的器皿。反而这时候就会突然冒出"不如用试试看用一下这个器皿"的念头，再把放置的位置做一下调整，妙的是一经变化，食器架上的气氛随之改变，而使用这些器皿时的心情也发生了变化。

乍一看塞得满满当当的食器架，实际上留着只有自己知道的空隙，可以让我从背面轻松地拿到餐食器皿。食器架的搁板是可动式的，可以根据我的需要上下调整。而且我还在想，如果在架子上有一些留白的空间，是不是对循环更有好处。这些都成为我今后需要考虑的一个课题。

厨房的餐橱柜中满满地收纳着各种器皿餐具。但是试想一下如果在厨房里辟出一个"什么也不放的"空间，厨房是不是会变得更有回旋的余地。在我的厨房里有着这样的一个空间，就在厨房靠墙开放式厨架的下层。比如有时为料理书拍照片，一天需要做数十样料理，那个空间就可以用来放置材料或者是拍过照的料理，这样厨房就不会陷入混乱，而工作也不会处于停顿状态。

关于器皿的放置，我也是在不断地摸索和纠错，至于其他器物的放置安排，因为现在刚刚搬家来到这里，所以还得花不少时间来决定它们的位置。先暂时放置一下，如果用起来不顺手还要继续做调整。这样反反复复，各种器具的安置场所确定下来，怎么也要花上一年多的时间。但是花这么多的时间来决定物件的摆放位置是完全值得的。

开放架上的留白空间。

早餐餐具。木制盘是渡边浩幸先生的作品。

竹筐里存放茶盅，小碟都放入食案（兼做食器盒）里。

保存容器类都放在开放架下面的柜子里。

餐具，按照材质收纳会更美

劝一个人整理收纳，就是在劝一个人改变她的生活习惯，她的思考方式。

我家的餐食器皿都收纳在起居室靠墙的那个带门的餐边柜里。这个餐边柜是Mono-Craft的清水彻先生为我亲自制作的，材料选用的是胡桃木。原本的颜色更深，经年日晒，颜色稍微有些泛黄。因为和我家现在的氛围特别搭，所以现在的这个颜色让我更为心动。当时不知道今后生活的空间到底会有多大，所以做成了由三个柜子拼装而成的式样。谁知道我们的运气实在是不错，这个餐边柜的大小居然和现在新家的房间正合适。

器皿的收纳我基本上是按照材质的不同来划分。中间那扇门的餐边柜，有工作、生活中使用频率较高的平盘，陶器的、瓷器的、西式的、日式的都有，颜色基本上以白色为主。茶盅类也一起放在这里。右侧的餐边柜放些大盘子和木制、漆器的器皿。左侧门的那个餐边柜则放一些玻璃器皿和带有颜色的器皿、带嘴的酒器等变形器皿以及便当盒等。按照不同的材质区分摆放，一目了然。有时候请家人帮手拿一下，他们也一看就知道什么东西放在什么位置，找起来特别方便。

说起器皿的摆放，像我父母那样按照"客人用"和自家用来划分的也有不少。不过，客人不会经常来家里做客，把器皿当作装饰品也没有意思。所以我会在平常使用的器物中，充分考虑哪个是可以拿给客人使用的，而不是分开使用。

我经常被问起"用什么器皿最方便"，我的回答大多是"白色器皿"。白色是最基本的颜色，不管什么料理都能接受，是非常具有包容性的颜色。在这其中，可以给餐桌带来变化的花型盘，可以数个同时使用的白瓷西餐盘，不管盛放什么都可以立得起来的带边餐盘，我觉得有了这些基本上就不会有太大的问题了。其实，劝一个人整理收纳，就是在劝一个人改变她的生活习惯，她的思考方式。

使用频率最高的平盘放在中间。

左侧门打开，里面存放玻璃盛器，刀叉餐具也都在此。

漆器、大盘子都放在右侧门内。

照片中从左上开始顺时针方向依次是：由伊藤聪信先生制作的花形盘、由安藤雅信先生制作的带边椭圆盘、业务专用白瓷洋食盘则出自 Saturnia。

舒心厨房从挑选合适餐具开始

单身也好结婚也好，对开始一段新生活的人而言，不如先从挑选锋利的好刀和好用的砧板开始。

理想的厨房要有理想的餐具，要适当的杂乱，但无死角的掩藏，拒绝东西藏到发霉都浑然不知，还原对烹饪的向往和期待。买料理器具是一件让人愉快的事情。无论什么样的料理器具，都会彰显它所具有的性能，好像有它们在手，我们的厨艺也会随之大长，所以一见到这种料理器具马上会让我们兴奋不已。在我二十多岁的时候，也曾买过各种料理器具：电动开罐器、卡普奇诺打泡机、带有各种刀片的切丝器等。刚买回来的时候，一个劲地使用。让人觉得不可思议的是，不知道什么时候开始就不再使用它们了。我想大家一定也和我一样，在你们的厨房里肯定会有一两样躺在那里被你们遗忘的器具吧！

因为工作的原因，我需要常备不少的料理器具，但是事实上我发现，厨房器具说到底只要有了"刀""砧板"和锅就足够了。虽然这样说有点极端，但是与其买好多种糟糕的工具，不如多花点钱买一把可以陪伴你一生的好刀刃，我可以断言那绝对是值得的。

　　偶尔朋友会来我家，在厨房用了我家的刀，都会惊叹"切丝可以切得这么细啊！"。这是大实话，一把好刀可以改变切丝的细度，而且还可以切得很漂亮，只要这一点，就可以为我们做出的料理加分不少。

　　一把好刀的特征：恰到好处的重量。最近轻便的刀具层出不穷，其实刀刃有一些分量恰恰可以让你不要花多余的力气就能把食材切落或切断。不像那些无法切断的刀，用力使劲切，反而破坏了食材。

　　我用的刀具分为几类，主要用的是东京龟户的刀具专门店"吉实"的刃铁制西式刀。铁刃沾到水容易生锈，所以和不锈钢刀具相比，使用的时候要稍加注意。硬度、重量都恰到好处，是非常值得信任的存在。

　　铁也好不锈钢也好，为了保持良好的锋利度，保养是必不可少的。我除了每周一次自己用磨刀石研磨以外，每年还请专业的磨刀师傅帮我研磨。大约5年以前，我在京都的刀具老店"有次"开设的"研磨教室"，学习了研磨方法。磨刀的过程中，拉刀时不要用力、平放刀具时的角度等，虽然是不起眼的细节，但是我觉得确实是非常好的实用经验。我还建议大家去正规百货店，那里有的店员是"刀具达人"，会教你正确的研磨方法，还会根据你的要求帮你挑选适合你的刀具。

我最爱用的一块砧板，是以前我家附近的超市举办"青森物产展"的时候，邂逅的一块用花柏木制作而成的圆形砧板。我非常喜欢刀具与它触碰时的触感，以及它小小的尺寸。洗的时候不费劲，而且切好的食材可以端起砧板直接倒入锅里或是碗里，就这一点就让我非常满意（如果是大的砧板，就要把切好的食材先放入淘箩中，再倒入锅里，多了一个步骤），但是也有为难的地方，那就是在切京葱、牛蒡等长蔬菜时需要把它们先一切二切短，否则没办法都放在砧板上。

天然木材制成的砧板，菜刀与之接触的感觉是柔软的，在切的过程中食材像是被砧板吸附，而不会滑动。长方形的砧板，正方形的或是我正在用的圆形（制作中餐用的砧板多为圆形），选用扁柏还是银杏木？挑选砧板要看用得是否顺手，还是看不同的木纹，这都要看个人的喜好，我个人觉得还是要从便于使用的角度来挑选砧板。

日常打理，好好冲洗，充分干燥是基本原则。菜刀留下的细沟纹里最容易藏污纳垢，所以用刷帚比海绵洗得更干净。我还时常晾晒砧板，以起到杀菌的作用。再加上每个月一次用砂纸做一次保养，目的是不让砧板的表面长出"肉刺"，变得粗涩。我一般先用粗的砂纸去除砧板表面的凹凸，再用1000号的细砂纸打磨，用时差不多5分钟左右。砧板也和刀具一样可以请生产厂家做"削磨处理"，因为是用刨子削磨，砧板的厚度会越来越薄，所以，一般都是2~3年做一次处理。做完之后就像新品一样，使用的时候心情也会变得清新舒爽。

好的刀具和砧板，一直拥有并始终好好地珍惜它们，其实对厨艺的精进是有帮助的。单身也好结婚也好，对开始一段新生活的人而言，我建议与其摆弄各种料理器具，不如先从挑选锋利的好刀和好用的砧板开始。

专注而有韵律。

在磨刀之前磨刀石入水一小时以上,使其
饱含水分。

用砂纸,轻轻地搓擦。要留意侧面较容易残
留黑渍。

这块砧板用了 7 年左右，刀用了近 5 年，它们都显现出了各自的味道。

选购质量上乘的每天都会用到的基础餐具

东西便宜不是我购买的理由。我会选购质量上乘的，常常用的工具要合乎心意才对。一旦买了，就好好用，常常用。

东西便宜不是我购买的理由，我会选购每天都会用的基础工具，一旦买了，就好好用，常常用。我觉得厨房的工具无需过多。至于锅具我虽然可以断然地说："最终拥有一个就行了"，不过实际上这很难做到，因而也就产生了烦恼。为什么我要有各种各样的锅具呢？还不是为了做出各种不同口味的拿手菜。不过尽管我有不少的锅具，但确实是没有被我"束之高阁的"。而且锅子占的体积又大，所以我的锅具也是趁着一次一次的搬家、家里成员的增加等机会，斟酌再三，一点点添置的。现在我介绍一下我爱用的几款锅具。

我现在常用Vitacraft 的直径28cm和20cm不锈钢锅，这个品牌的系列锅具，在我还是幼儿园的时候，我的妈妈就在使用了，直到30年后的今天，仍在使用。我刚开始一个人独立生活的时候，最先买的当然也是这个牌子的锅具。除了可以无水烹饪，热传导性也是相当的不错。

口径较大的锅子既可以煮意大利面，还可以在过年的时候煮一大锅汤汁或做煮物料理，放入蒸搁板就能蒸鸡蛋羹。小一些的锅拿来做少量的煮物料理、羊栖菜煮萝卜干等常备小菜时，又显得那么不可或缺。像Vitacraft这样有着悠久历史品牌，整套的锅具，收纳起来还有很好的统一感，好好打理的话，让人很省心。

要说母亲常用的锅子，就要算是"无水锅"了。1950年代诞生于日本的铝合金铸造的厚手锅具，因为可以利用食材自身含有的水分加热烹饪（可以无水烹饪），所以在煮蔬菜时，我一定使用此锅。另外，做菜饭、海鲜饭、煮鱼时，它就更是个宝贝了。"无水锅"的锅盖可以用来当作平底锅使用，所以在做浇汁豆腐、炒面的时候，锅盖用来炒豆腐或者炒面，锅子用来做浇汁。因为可以用来煮饭，所以在露营的时候也一定会带上这个万能锅。

要从节省空间的角度出发，"有次"的铝制"钳铗锅"是非常受欢迎的。各种尺寸都有，18cm口径的锅，在盛有食物的情况下，女性也可单手不用费劲就端起来。我有12cm、15cm、18cm的三个口径，以及一个单嘴锅，可以叠放，也常被当作碗使用。小口径的锅子可以用来煮一人份的味噌汤，和量不多的蔬菜煮物，很是方便。有良好的热传导功能，非常适合用来炖煮，是做日式料理不可或缺的一种锅具。

最近，使用频率比较高的要数Staub的珐琅锅了。因为有很高的保温性、厚重的锅盖，水蒸汽很难逃走，所以水分可以渗到锅中各个地方，从而不会让食材的香味和营养流失。这种锅特别适合慢炖细煮，所以酱煮萝卜之类的我用"无水锅"，而炖煮牛肉那种要煮到看不见食材原形程度的，我就用Staub这样的锅子来慢慢炖煮。

"WESTSIDE33"的椭圆形浅铜锅，常常用它蒸鱼介类，比如蒸贝类、酒蒸白身鱼，真是绝配。因为铜的热传导性特别好，短时间里，一下子就能蒸好。因为这款锅的设计很出色，所以和Staub一样，可以在上菜的时候端着锅子一起上桌。

现今，在量贩店里一个锅子也就卖几百日元，如果你一直和它朝夕相处，锅具是可以成为一种凝聚烹饪文化历史的工具。

从左上开始顺时针方向依次是："无水锅"、"Staub"的 LA COCOTTE 锅、"有次"的钳铗锅、
"Vitacraft"的 Boston 单柄锅、"WESTSIDE33"的铜锅。最老资格的"Vitacraft"单柄
锅是在 12 年前购入，现在每天都还在使用。

琐碎调味料也要美美地收纳

学习整理收纳，并喜欢上它，你就能省下很多的时间和心力。

　　学习整理收纳，并喜欢上它，你就能省下很多的时间和心力。那些琐碎的调味料、香辛料、干货等的收纳，没有什么特别的规则，方法也千差万别，可以充分体现每个人的个性。我也利用各种容器，探索各种收纳方法，现在给大家介绍"让我感觉特别舒服安心"的收纳方法。

　　首先要介绍酱油、酒、甜料酒、米醋等使用次数较多的基本液体调味料的收纳。这些瓶子容量大小不一（有的是一升瓶装，有的是纸盒装），用大瓶装的话经常拿进拿出，很是麻烦，所以我会用相同大小的容器来盛装。我最爱用的就要数Tupperware的1.1升"S line"容器。不但轻巧而且液体也不容易滴漏，外观简洁，整齐统一的感觉让人看了心情愉快。放在炉子下面的抽屉式柜子的下段，做菜的时候，拿进拿出也很方便。

　　香辛料或是粉状的调味料，如果买来就是瓶装的，我就按原样放在抽屉柜的上段。如果买来的是袋装的，我就会换装到Arcfrance的Luminarc系列的果酱瓶里，收纳在厨房的小推车中。在买袋装调味料时，我只会买可以正好换入瓶装的分量，绝不会买回以后一部分装瓶，一部分仍然留在袋子里。剩下的调味料留在袋中，用橡筋扎口，过不多久就忘了它们的存在，还没有用完，就又买了新的回来。这样的失败经验还真挺多的。在这一点上，如果放在玻璃瓶中，剩余量就一目了然。掺入白米或是做菜时使用的圆麦、黑米等杂粮也可以放在这些果酱瓶中保存。

羊栖菜、裙带菜、干香菇、高野豆腐、紫菜、萝卜干等干货，我会保存在Tupperware的"MM椭圆"收纳盒中。这个系列的盒子有各种大小，一般羊栖菜等较细的放在小号盒中，稍微有点占地方的高野豆腐、萝卜干等放在中号盒中，做汤汁用的鲣鱼干和海带等就保存在大号盒里，这样分类使用，特别方便。我会把这三种不同大小的盒子叠放在一起，收纳在烤箱下面的柜架中。Tupperware的产品以良好的密封性著称，所以很适合保存干货。干货也是很容易忘了有多少存货，而常常重复地购买，用了这种瓶身为半透明的容器，可以很好地掌握存量，对我真是太有帮助了。

因为我一般每三天做一回面包，所以要常备强力粉、薄力粉等。这些粉类则收纳在"野田珐琅"的圆形储物罐中。粉类很容易回潮和发霉，所以家庭日常用的话，尽量少量购买。我常常会以2Kg作为一次的购买量，所以我很感谢这种圆形的收纳罐可以把我买回来的分量一次全部收入其中。因为里层还有一个密封盖，能很好地阻隔湿气。另外，粉类、买回的调味料，如果一时用不完的，我觉得都要密封好，再放入冰箱的冷藏室或是冷冻室保存较为妥当。

烹饪时使用频率较高的盐等调味料，装入制作家制作的带盖容器中，放在敞开式柜架的下段。和食的海藻盐、洋食的法国Guerande盐，还有一些旅行时带回的盐和岩盐等。我常用的就有六七种，根据不同的场合和气氛，不同使用。把它们放入自己喜爱的容器中，只要一伸手就可以轻易拿到。

每隔一两个星期从"地球人俱乐部"都会寄来2kg玄米，我家没有所谓的"米缸"，只有玻璃制作家辻和美先生制作的带盖容器。这个容器的大小可以容纳2kg的大米，透明，可以清楚地看到存量。尤其是它站立的姿态，非常优美。儿子一天一天地长大，我们就要迎来他食欲旺盛的阶段，所以容器的大小可能会跟不上他的食量，到时候可能会再考虑其他的收纳方法。

厨房里不但要考虑工具的存放，而且还要认真地考量食材的安放场所，这点非常重要。所有的食材应该物尽其用，不要发生"忘了还有这种食材的存在"这样的状况。在这方面我觉得还是需要下一些功夫。慎重地选购物品、认真地对待拥有。合理收纳，生活就会美好很多。

厨房小车的筐里，用玻璃果酱瓶装香辛料和杂粮。

干货收纳在 Tupperware 储物盒里，有一定的高度，
可以组合使用。

抽屉式拉架上，Tupperware储物盒里替换装入液体调味料、
香辛料。

煤气炉旁边，使用方便的位置

粉类收纳在"野田珐琅"的容器里，
很喜欢这种洁白又有清新感的珐琅
材质。

右边的玻璃瓶是过和美先生的作品，
左边的玻璃瓶里存放薏仁。

把盐存放入自己喜欢的钵罐里

右上方为 Guerande 的岩盐，它的旁边是藻盐，左下方粉红
色盐是在夏威夷买的。

把空间分为三层进行收纳

厨房收纳，只要找到规律，一点儿都不会累，简单舒适的生活，谁都可以拥有。

    厨房工具的收纳，我会以使用的便捷性和视觉的清晰度为基准，来加以考量。

    一些琐碎的厨房用具，我一般就收纳在调料台右手下方的三层抽屉中。因为这些小用具总是在不知不觉中就多了起来，所以和餐具一样，我也尽可能地按照材质来分类收纳。第一层放的是盛饭勺、刨子、剪刀等不锈钢用具；第二层放的是木制的饭勺、西餐用的大号的匙和叉；第三层放的则是不锈钢或是玻璃的大云盘、钵盆之类的。因为使用这类厨房用具的时候，往往需要立刻就可以拿出，所以不要杂乱地把它们收纳在抽屉里，最好做一些隔断，拿的时候既方便又迅速。

    煮锅、平底锅等锅类我一般都放在炉灶柜的里面。"无水锅"和"Vitacraft"的锅子，反盖锅盖，把手朝内，锅身重叠，这样可以节省不少空间。好在"有次"的钳铗锅也是可以叠放，不占地方。但是Staub的锅具有相当的重量，起先把它放在最里面，渐渐就想不起要去用它。所以现在把它放到起居室存放果实酒的架子下段。还有Westside33的锅子，因为喜欢它的设计。所以我把它放在敞开式架子上，还可以作为一种装饰。

所有物品的收纳，蹲下身子取出物品这个动作，很容易让人产生厌烦，所以需要频繁拿出来使用的用具，最好放在很容易用手够得着的地方，这一点很重要。"野田珐琅"的"白色系列"和空瓶子之类常常使用的保存容器，我一般就收纳在容易够得到的架子上。另外，"身体"和盖子分开摆放，可以叠放的物品，尽量叠放。一直盖着盖子存放容器，也很容易让气味散不出去。在架子的下面，我就会收纳平时不太用到的一些烘焙、做点心用的器具。

最后，厨房用纸、保鲜膜等消耗品、琐碎的调味料等都不要摊放在外面，最好收在带门的柜子里，这样看上去也没有那么杂乱，打扫起来也会比较轻松。其实厨房收纳，只要找到规律，一点儿都不会累，简单舒适的生活，谁都可以拥有。

第二章

厨房就是家的味道

收拾房间、做饭，都是爱的能力的体现。
对我而言，打扫不是一件苦差事，而是
和每天吃饭、泡澡、晚上睡觉一样是理
所当然要去做的事情，是每天生活快乐
的一门必修课。

打扫后的空间很舒心

房间收拾整洁了，我的情绪就会很高涨，做饭也会做得很开心，调味也变得更
得心应手。

　　收拾房间、做饭，都是爱的能力的体现。对我而言，打扫不是
一件苦差事，而是和每天吃饭、泡澡、晚上睡觉一样是理所当然要
去做的事情，是每天生活快乐的一门必修课。每每打扫过后，我都
会感到心情特别舒畅。如果房间没有整理就外出的话，我就会感到
不安，一直想着要赶快回家。总之，我家的"整洁状况"和我的心
情是紧密连接的。房间收拾整洁了，我的情绪就会很高涨，做饭也
会做得很开心，调味也变得更得心应手。反之，如果房间里脏乱不
堪，我做事的情绪也会变得随便马虎，烹饪随意不用心。这虽然讲
不出什么道理，但是事实就是这样。房间一旦整理干净以后，不仅
是在这个空间，而且我的心里也有一种很舒服的"气"在流动。

　　所以当工作堆积如山再加上房间搞得乱七八糟的时候，虽然有
点辛苦，但是也要先划分一个时间段，确定"到几点几分为止"，
开始打扫起来，把空间打扫干净。当然第二天休息的话，就可以稍

微放纵一下，不要勉强自己好好休息，第二天早上用充分的时间来打扫。但是从我的经验来看，把空间整理干净了，工作也可以进展顺利，还不会积劳过多。

当然我们家有一个调皮捣蛋的小学生，即使早上把房间整理干净，下午放学回到家以后，一面吃着零食，一面拿出玩具，要不了多久房间就陷入混乱状态。但是，因为孩子的存在，而把房间弄脏，这就像下雨打雷等自然现象一样理所当然。一看到这种状况就火冒三丈也是无济于事的，所以每天早上只要把房间整理恢复到自己想要的状态就行了。

养成打扫的习惯最好的方法就是保持一种"不打扫，心里就不舒服"的精神状态。首先厨房也好、洗手间也好先确定一个地方，先试着1个星期或是10天内，每天打扫。如果习惯了这种舒服的感觉，就可以按照这样的节奏再逐渐增加需要打扫的空间。

打扫，每天的必修课

生活在干净整洁的环境里，收获的是一份安心、一份自在、一份美好。"打扫，每天的必修课"，这就是我定下的原则。

　　生活在干净整洁的环境里，收获的是一份安心、一份自在、一份美好。"打扫，每天的必修课"，这就是我定下的原则。从起居室接着到和式房间，从鸡毛掸子、吸尘器到湿抹布，从走廊、玄关、洗手间最后到厕所这样的顺序打扫一遍，总共需要30~40分钟。每天早上打扫，这样尘污就不会堆积，每次打扫也就不会花太长时间。

　　因为工作需要，会有不少的工作人员到我家进行拍摄，常常会搬动家具和行李，房间很容易就变得杂乱无章。况且我们的工作涉及到食物，所以保持环境的清洁干净，是重中之重。这就是我为什么定下"每天必须打扫"这一规矩的原因。当然每个家庭有每个家庭的具体情况，如果你定下的规矩是："一次隔一天"或是"每个星期六的上午打扫"，这样也未尝不可，只要定下一个规则就好，而且重要的是一定要确立一种意识，那就是"在尘污堆积前就进行清扫，就能做到事半功倍"。

打扫这件事立好了自己的规矩后，一旦日常化了，最终就会达到"下意识地随着身体而动"的状态，这一点非常重要。准备"啊！现在开始打扫"的时候，再去考虑"今天从哪个房间开始打扫？""今天使用吸尘器还是湿抹布？"，就会变得无从下手，顿时感觉打扫是一件很麻烦的事。"这个地方就用这种方法打扫"如果定好了这样的规矩，并使之日常化，"一直到完成最后一个项目，这就是一套工作的流程，"把它作为一个清晰的目标点。

我知道有为数不少的人是因为对厨房用具、餐器感兴趣而喜欢上烹饪，打扫也是如此。洗涤剂的香是自己喜欢的香味，木刷的外形是自己喜欢的设计等，用得舒服，选择的时候也会充满趣味，这样打扫也会变得乐趣横生。

特别是对于洗涤剂的选择，我尽可能选择化学成分少，以自然原料为主的洗涤剂。不但对人体影响小，而且也比较环保，事后的清洗处理也相对轻松（较强的洗涤剂，必须要多次擦）。这样的洗涤剂虽然相对贵一些，不过为了每天打扫使用时有一个好心情，多花一些钱还是值得的。而且在污垢堆积前就进行打扫的话，洗涤剂的用量也会大大减少，从这一点来看勤打扫也是很经济实惠的。当我们把周围的一切变得井然有序，我们也把自己变得井然有序。

顺便打扫，简单省心

以精致的态度对待生活，生活会报以你美好与幸福。

以精致的态度对待生活，生活会报以你美好与幸福。关于地板的清扫，我刚搬来那会儿，可走了不少弯路。用吸尘器总觉得打扫得不那么干净，用蒸汽拖把打扫房间总有被遗忘的角落。试过了各种方法之后，最后得出的结论还是跪着用抹布擦拭才是清扫地板最好的方法。现在为了保护我的膝盖，我买了排球运动员专用的护膝（笑），每天勤勉地跪着擦地板。

视线降低之后，那些在椅子底面、桌子腿弯角等地方，站着使用吸尘器时无法察觉，日积月累的灰尘，一下子就出现在眼前。再加上每天都要打扫，很清楚地知道"这些是容易积灰的地方"，所以一般不会遗漏。

厨房、浴缸周围、起居室的墙壁这些地方的清扫，用的都是Ecover家用清洗剂和超电水这两瓶现配的洗涤剂。

Ecover是一个30多年以来一直以爱护自然环境为理念的比利

时品牌。产品多以植物和矿物水为原料，具有较高的洗净力和安全性。它的家用洗涤液，如遇难清洗的污垢，就用它的原液，如果是一般的污垢就用1升水加1~2小杯比例的稀释液。清爽的柠檬香味用着非常舒服。我一般会把稀释液倒入无印良品的喷嘴瓶中，根据不同的需要使用。"超电水"是从水中电解出的负离子水，原料是100％的水，万一进到嘴里也没有关系。尽管如此，它对油性的污垢有很强的去污性，除菌效果也相当出色。一般不太愿意用洗涤剂去清洁的孩子的玩具、厨房的餐具柜内部等，都可以放下顾虑安心地使用。

　　药妆店和超市卖的各种洗涤剂按照不同的用途来细分，而我就使用这两种基本款。只要每天打扫，也没有什么特别难搞的污垢，所以有这两瓶对我来说就足够了。坚持每天一点点，把生活经营得更美好。

常年使用叫作 MIRA 的吸尘器。拿出去修理的时候，厂家的修理
人员都劝说"还是换一台新型号的比较好"。不过我很中意吸
尘器的设计，所以这个旧型号就一直持续使用到现在。

建议使用超电水来清洁孩子的玩具

作为家庭用洗剂我常用的是 Ecover 的"住宅用洗剂"和"超电水"。
根据污渍的程度需要相对应调换的不是洗剂，而是擦洗工具（抹布、
刷子、海绵等）。

德国的 Redecker 掸子，用鸟的羽根和皮子搭配，非常牢固。

上油打理家具的时候用力把抹布拧干，这样一下就能擦去灰尘。

好心情，从干净的厨房开始

厨房是个温暖的地方，把家布置好了，就有诗意和远方。一天的好心情，从厨房开始吧！

　　厨房是个温暖的地方，把家布置好了，就有诗意和远方。一天的好心情，从厨房开始吧！尽管结束一天所有的工作已是夜晚，最后还是一定要把厨房收拾干净了才去睡觉。和每天早上的打扫一样，这也是常年养成的习惯。第二天一早，一整天的好心情就从这干干净净的厨房开始。每晚的打扫都有一种Reset的感觉，现在就让我来说一说具体的打扫方法。

　　首先是清洁水槽。用龟形刷帚，把水槽的角角落落都刷一遍，刷掉油污。无需用太大的力气，仔细一点可以把排水口凹凸处的污垢刷干净。光这样还不够，需要每隔几天就用一小块密胺海绵再擦一遍，这样才能去除渐渐出现的顽固茶黑污渍。用完刷帚后必须甩干水分，放在干毛巾上，晾干。

　　另外，龟形刷帚既便宜又可以轻松入手，很容易沥干水分，这些都是我中意它的地方。所以我还用它来刷洗锅、砧板，清洗红薯、牛蒡等蔬菜，还用来洗刷茶壶的注水口等又深又窄的部分。根据不同的用途分类使用。

接着就是用湿布仔细擦洗料理台、炉灶周围，最后是脱排油烟机。炉灶的周围有些粘在那儿的顽固污垢，这时候就可以拿用旧了的清洗餐具海绵，切成小块儿，搓擦去除这些污垢，用完后把海绵扔掉即可。

用完的湿抹布，放入Pax Naturon的氧化系列漂白剂溶液中浸泡一个晚上，漂白洗净。容器可以用"野田珐琅"的圆形储物罐。第二天早上用水漂洗干净，晒干。可能有人会觉得每天漂白清洗是一件很麻烦的事情，不过如果习惯了的话，这也就是1~2分钟的事。很容易弄脏的厨房用抹布，只要每天都清洗干净，就可以一直保持它的清洁。

炉灶和排油烟机的油垢，就是"一旦积垢就要花很长时间除垢"的代名词。但是，只要养成每天花2~3分钟清除污垢的习惯，就可以一直保持清洁状态，无需年终大扫除。搬来这里的最初几年，我还担心自己毕竟是素人，可能打扫得不够干净，还专门请来专业人员清洗脱排油烟机。他们给出的评语是："非常干净，无需特别清扫。"从那以后，我就知道脱排油烟机只要每天清洁就足够了。

冰箱的清洁，我一般都会放在白天，只要发现不太干净了，马上就顺手清洁一下。就像大家知道的那样，冰箱总是在不知不觉中就被弄得脏兮兮的，我一般每两天就把冰箱稍微擦一遍。每周的星期二都会有食材寄送到我家，所以在这之前的星期一，冰箱里的存货就很少了，这就是打扫冰箱的大好机会，这时候可以打扫得仔细一些。因为冰箱里有些地方很容易滋生细菌，所以我会喷洒一些"超电水"，再用干抹布擦干净。另外，有一个办法可以去除冰箱里的异味：拿一个杯子，在杯里装一些滴滤式咖啡冲泡后的咖啡渣，非常管用。

为杂志摄影做较多煎炸料理时，用"超电水"单手清洁排风扇。

厨房的洗手液，要选杀菌力强的。海绵、刷帚也要把水沥干。

每天打扫煤气台要移开火撑子，用水冲洗，充分利用切成小块的海绵。

清洁冰箱也用"超电水"，不但可以除菌，而且那些顽固污渍一下子就能被清洗掉。

两种抹布

因为善待了生活中原本最卑微的清扫工具，因此，对生活中的更多食物，都有新的掌握与信心。

　　一方抹布，是厨房里的见微知著，我爱抹布的心情揉合了多重的感情。在我们家的厨房里，活跃着两种抹布。

　　一种是用来擦干餐具的"琵琶湖揾布"。它是用一种被称作"水车纺"的线织成的抹布。这种叫"水车纺"的线因为棉的纤维没有被破坏，保留了纤维绒毛，所以用这种线织成的抹布可以很好地擦去水分和油分。为了给料理拍照，我需要使用几十个盘子，还必须一个个地把这些盘子擦干净。因为这个缘故，我时常备有20多条这样的抹布，每个月淘汰2~3条，然后再补充新的进来。有了这种抹布只要用热水就可以把污渍洗干净，所以在清洗漆器和玻璃制品的时候，我就用"琵琶湖揾布"代替海绵。

　　第二种就是用来擦净料理台的"东屋"抹布。这种抹布的材料产自奈良，自古以来都是用它来制作蚊帐。粗纹平织的材质，8层重叠在一起制成。用这种抹布可以很快地吸取水分和污渍，所以具有擦净力强的特性。因为材质良好，所以漂洗后纤维也不会受损。

使用结束后，每晚放在其他容器中漂白，第二天早上用清水冲洗干净后晾干。这两种抹布都是快干型材质，让我非常欣慰！

用旧了的抹布，按照顺序把它们当作清洁房间用的杂巾。因为我本来就很喜欢这些抹布良好的质感，所以用的时候自然而然就会涌出些许不舍之情。由于循环再利用更新很快，所以不用紧张一直使用脏兮兮的抹布，这些抹布最后被用来清扫玄关、阳台，完成了它们所有的使命以后，才会被处理掉。

最后，那些杂巾，每天用强力除菌洗涤剂浸泡后，在洗澡的时候用手仔细地清洗，夜里晾干，这样就不会有异味残留吸附在上面。也许是因为善待了生活中原本最卑微的清扫工具，因此，对生活中的更多食物，都有新的掌握与信心。

清扫工具也要认真被对待

讲究是一种心情，只要我们有理解事物的心情，所有的美，无论如何形式、质地、味道，都可以被完整地接受。

我的一些琐碎的清洁工具，主要都收纳在洗脸池下面的柜子里。以前因承办宴席的工作原因买来了宜家可叠放的3个收纳箱。其中一个用来放置抹布、海绵；另一个用来收纳氧化性的漂白剂和柠檬酸、小苏打等的粉类；第三个则放一些生理用品。可以轻松去除水垢的密胺海绵，切成小块，放在一个高高的玻璃花瓶中。这样不但取用方便，而且看上去也很美观，这种收纳方法我很喜欢。

擦洗清扫用的杂巾，收在带盖的大玻璃罐中。原本它们的材质就是我喜欢的"琵琶湖搌布"和蚊帐抹布，每次清洗干净，晒干，收纳起来完全没有杂巾的感觉。

原本用来做种植盆罩、马口铁制的关口篮子里，收纳了小簸箕、扫帚、家庭用洗涤剂等琐碎的清扫工具。用过的牙刷等还可以在打扫浴缸和洗脸池的时候被再利用。

还有，打扫厨房用的特殊清扫工具都收纳在非洲制的篮筐里，放在烤箱架的最上面，要用的时候一下子就可以取出，很是方便。这里面有Vitagraft Japan出售的不锈钢、铜制用品专用清洁剂、用酸奶瓶装的小苏打（可以去除锅焦）和柠檬酸（可以用来去除茶垢）、小块的用旧海绵、棕榈刷（可以彻底洗净水槽的边边角角）等。

　　不管是清扫工具也好，喜欢的厨房用具和杂货类也好，都需要用心地去收纳。不可思议的是我觉得这样做，才能使打扫这件事变得快乐而有趣味。讲究是一种心情，只要我们有理解事物的心情，所有的美，无论如何形式、质地、味道，都可以被完整地接受。

毛巾放入野田珐琅的圆形罐，抹布则放在澡盆里漂白。

在使用的过程中变得越来越柔软

箩筐里放的是"琵琶湖揩布"，上面是东屋的毛巾，一直保持着清洁状态。

做饭时用完的毛巾类，一旦在这个陶罐里积多了，马上就洗掉。

厨房使用的特殊用品，放在开口宽敞的竹篮里，便于取用。

可以叠放的三个宜家储物盒，用来收纳清扫用品。一些消耗品一般也是集中在一起购买。

左边是密胺海绵，右边是抹布。绿色
的抹布是微纤维的织物，用来去除沾
在手上的污垢。

这个马口铁的篮子，以前用来放拖
鞋。很喜欢它的外形。

第三章

▽

对生活的爱，是从厨房开始的

没有动力的时候，看看"料理卡片"
在家举办聚会，用心最重要
开心地品尝点心，是对自己的奖赏
放下手边事，坐下来吃杯茶

喜欢手工制作的生活小工具

生活并不是非得拥有堆积如山的物品，而是营造让自己舒适自在的空间。

专门用来放一些不在冰箱储存的蔬菜（洋葱、土豆）的竹筐、砧板、木茶筒，手工制作家们制作的器物，在我的厨房里有许多这样手工制作的生活小工具。在我小的时候，不知为什么会被这些小工具深深吸引，它们打动我的并不是它们所拥有的功能，而是让我从心底里感受到的温暖。

比如说塑料制品，当它们被买回家的时候，呈现在我们面前的是它们最美的状态。很遗憾的是，它们只会随着时间推移慢慢地劣化。而用天然材料制作而成的器具，则会越用越有味道，还有一种和每个持有它的人一起共同成长的乐趣在里面。随着岁月的流逝，竹筐会越来越有光泽，颜色也会越来越深，粉引瓷器的表情也会发生变化。就像一些食品一样，保存时间越长越美味，就是这种感觉。这些器具给人以温暖，使用的时候仿佛可以感觉到制作者的手在劳作，让人能够慢慢地静下心来。可能也正因为这样，我在挑选的时候多是挑选那些式样简洁，不用太过强调制作者的个性和主张，设计传统，并且这些方面都能均衡地兼顾到的基本款。

这些手工制作的器具多是出自个人，生产数量少，不是你想找就能找得到的，所以这几乎就是可遇不可求的东西。而且，这些未必是你现在就用得到的必需品，所以不要有任何妥协，不懈地仔细寻找你所喜爱的，这样才能淘到一个一个的珍宝。看了很多，选择那些可以给你带来灵感的东西，定能让你一直长久地使用。日复一日，厨房也越来越呈现出我的个性和味道。"不知道什么理由，就是喜欢"，如果让你产生了这种偏爱的感觉，你就可以就选择它们。不需要着急，慢慢地选择，这样来打造我的厨房，我觉得也是生活中的一种乐趣。

过多的选择会让我们眼花缭乱，有的时候会觉得北欧风很漂亮，第二天又觉得亚洲风味也不错，不久又爱上了时髦的意大利设计。完全无法聚焦"自我风格"也是让大家非常烦恼的一件事。虽然这确实有些难，但是在这个时候我们可以在厨房中找一件竹筐也好，水壶、锅子也好，只要是你心里最喜欢的，能作为自己厨房的一个象征的器具。然后想象一下，将你准备新添置的器具放在它旁边，看是否合适。我觉得可以把这作为一个挑选的基准。和你最爱的一件器具相称的话，让它加入进来完全就没有问题。这种感觉就和挑选衣服是一个道理。

　　生活并不是非得拥有堆积如山的物品，而是营造让自己舒适自在的空间。我决定"买或者不买"的标准就很明确。我会在脑海中浮现出一个个虚拟的场景，"这件器具可以放在这个位置""用这件盛器可以盛放这品料理"，如果它可以给我带来这样的灵感，我就会买下它。否则，就会作为一个候补保留。可能你会遇到不少让你心动的器具，但是真正可以把它们带回家的，是再三斟酌后做出的选择，因此我会爱护它们，让它们可以一直伴随在我的左右。

很早以前买入的山樱木的筒罐，用来收纳咖啡豆和绿茶。

带盖子的盐罐是陶艺家安斋厚子先生、市川孝先生的作品。

没有动力的时候，看看"料理卡片"

当我们在谈论厨房时，我们是在谈论爱、童年、回忆、人间百态。

烹饪料理是每天都持续在做的一件事，自然也会有才思枯竭的时候。这个时候就需要有一样东西可以激发你的干劲，"好！我也要做出美味的料理"。对我而言，这样东西就是祖母留下的几册"料理卡片"。

我刚开始烹饪工作不久，妈妈对我说"有一样东西，你不妨可以拿去"，当时拿给我的就是祖母的"料理卡片"。它们都是40~50年前写成的，一张一张充满了回忆，我可以感受到祖母为家人做了那么多丰富的事情。

散文家平松洋子先生通过听写记录写成的《季节的味道、汤汁的味道》（新潮社），也是一本让人肃然起敬的好书。还有那些摄影手法新颖、用色大胆，料理夺人眼球，远看着就能引起你食欲的洋食类书籍，都让我爱不释手。

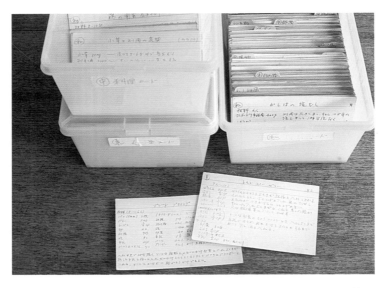

满满三个盒子的料理卡片按照和、洋、中式、点心来分类。我很惊讶当时就有"对虾炒西芹""梅子酒煮金橘"等时髦的料理。这些都是我小时候妈妈常做的，伴随着我的各种记忆。

　　"旬の味、だしの味"是位于虎之门的饭店"鹤寿"的老板传授，并由平松先生记录整理而成的。"Canalhouse cooking""Tartine Bread"都是去海外旅行时买的。这些书籍都能让我回到初心，使我重新鼓起烹饪的干劲。

在家举办聚会，用心最重要

组织聚会时，不仅要考虑装饰和食物，也要去考虑到"分享"，以及接待客人的喜悦。不用强求每个方面都完美，用心最重要。

就算你的家非常小，也能在家举办美美的聚会。为了免受时间、场所的局限，从孩子出生以后，我们很少在外就餐，更好的是选择每人带一道菜，在家里聚餐。每次我们都迫不及待地分享各自"家里的味道"，对于交换类似"这道菜怎么做"这样的信息津津乐道。

可能是为了在聚餐中漂亮地展示"做得非常美味"的料理，做一道未必是自己熟悉的菜，于是在聚餐当日做得手忙脚乱，而且还担心失败。与其这样，不如在自己熟悉的一道菜上添加一些有香味的香草或是提升口感的坚果，稍微做一些变化，这样就安心而有把握多了。

平时用醋、酱油、胡椒、白芝麻油做成的醋拌茄子，简单爽口。如果在这上面再加入些孜然、橄榄油，变身洋食风味。也可以拿它和金平牛蒡（用调料酒和酱油腌制过的）、Balsamico醋（芳香果醋的一种）和酱油一起炒了吃。用我们熟悉的汉堡肉饼打底，在上面加一些甘栗、干番茄等外观和口味吸引人的辅料，摊成肉饼，放在一个大大的长方形烤盘里烤着吃，也是非常的美味。这些都是平时配白米饭非常美味的小菜，稍加变化，立刻就能变身为一道派对宴会式的料理。

另外，我还推荐果实酒和糖煮水果。果实酒就是水果加入起到保存料作用的糖（可以是冰糖、蜂蜜和砂糖），然后浸泡在酒里（可以是烧酒、白兰地、白干）。大约两星期到一两个月后就可以喝了。做起来不费时间，看上去色彩缤纷，又能为大家助兴，深受众人喜爱。和亲朋好友宿营旅行的时候，我也会带上它。喝的时候兑入一些水、碳酸水，大家乐得多喝一些也无妨。这是我在大人们的聚餐会时必带的一品。

糖煮水果就是把水果和砂糖、红酒拿来一起煮而制成一道甜品。制作时间短，方法简单。把整只苹果拿来这样煮一下，美味可口度立刻提升。吃的时候再加上带去的酸奶油或是生奶油，当场装盘。只要是添加了奶油，一下子就成了一道华丽的甜品，还充满了季节感，真是非常赞的一品。

聚餐会不要"逞强好胜"，开心就好。稍微加入一些小心思，花一点时间，这也是生活中的一个小奢侈。组织聚会时，不仅要考虑装饰和食物，也要去考虑到"分享"，以及接待客人的喜悦。不用强求每个方面都完美，用心最重要。

快乐地准备年饭，是对生命的欢喜

一个专心煮菜烹饪的人，一定是内心平和，热爱生活的人。

虽然一直都想悠闲地度过每一天，但是不管怎么样，每年的腊月总是过得那么匆匆忙忙。很多工作、家事都集中在这一个月，忘年会、圣诞晚会等众多活动，就像这个词（日语中腊月的汉字写作"师走"）所写的那样，这个腊月都是在小跑中度过的。尽管是这样，为了在年初可以和家人一起过一个悠闲、清静的新年，我还是仔细地按部就班地为新年做着各项准备。

10月中旬，迎来了甘栗的季节。除了每年都要做的"带皮煮甘栗"和"栗子饭"，还要做一些年饭上要用的"栗子的甘露煮"。把砂糖当保存剂，所以放入冰箱保存到岁末年初完全没有问题。

进入12月份，替儿子拿出圣诞树，开始一点一点采买年饭要用的食材。因为同样的食材，到了12月中旬，价格就会大涨，所以那些可以长时间保存的海带、黑豆之类的干物，在月初就可以着手准备起来。还有装压岁钱的红包，因为平时也不会使用，如果发现不够用了，也在这个时候去买了补上。

到了12月中旬，我就要开始准备年饭的小吃"蜂蜜柚子"（酱柚子切丝放入蜂蜜中煮）和"金桔的甘露煮"。红烧豆腐用的红薯、竹笋等容易保存的这类蔬菜，也在这段时间备下。

圣诞大餐用的火鸡和酒类，可以的话尽量提前准备。圣诞节前的一周去买圣诞用花。平时家里就有的植物多是阳台上的观赏叶类植物，插一些花可以增添更多的节日气氛。过年的小点心则是每年从岐阜县寄来的"Suya"的"栗子蒸羊羹"，这个准备也是在这段时间。到了年底，银行也是人多拥挤，所以我也趁这个时期准备好压岁钱的新钞票。我的工作也会经过日程安排的调整，争取在这个月的20日左右收尾结束。

过完圣诞节的26日左右，不久就是年末了。取出木质方盘和套盒这些新年用的道具，一点一点开始大扫除。由于平时日常的打扫都比较仔细，所以只要比平时再少许细致周到一些，"今天彻底打扫起居室""今天轮到卧室"，按照这样的顺序进行即可。

我一般在30日开始着手做年饭。因为只要做一家3口人吃的年饭，所以我可以在一天里全部完成。黑豆、蛋皮丝、金团、红烧豆腐、甜煮海蜒、醋拌茄子、海带卷、海带结、刀拍牛蒡、叉烧猪肉、烤虾等12~13道菜。有时也会做一些"凉拌扇贝"之类的西洋风味料理。

要说年菜，还是妈妈和婆婆做的味道鲜美。我也就是最近做了几年，与做了几十年的她们相比，还有很大的进步空间。为了可以缩短与她们的差距，作为一种锻炼，我觉得我都会每年一直坚持自己做年菜。

快乐地准备年饭，是对生命的欢喜。一个专心煮菜烹饪的人，一定是内心平和，热爱生活的人。

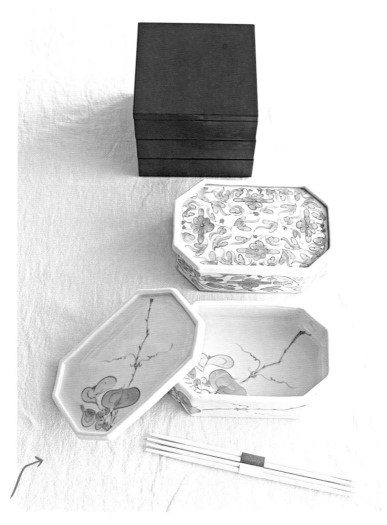

越前漆器的套盒是我结婚时买的，这种设计除新年以外的时候使用也不会觉得太隆重。陶瓷的套盒上有品位的图案和颜色让我爱不释手。

饮出健康的每一天

每天都以精致的心对待一餐一饭，一器一物。

我没有什么特别的健康法，要说有的话，"喝一些对身体有益的东西"可能就是我唯一的健康法。早上喝一杯果汁的好处就在于身体状况不太好或是时间很紧张的时候，可以轻松地补充营养。虽然我的体力还算不错，但是难免在一年中有那么几天会疲惫不堪，食欲不振。这样的日子里，就需要通过果汁来补充营养，并可以让肠胃慢慢得到休息，然后再好好地睡一觉，这就成了我的恢复良方。喝下果汁大概30分钟到1个小时后，营养成分会通过血液被身体吸收，立刻见效。

果汁不光是蔬菜汁或是水果汁，还可以在里面加几滴亚麻籽油或是鳄梨油。这些油因为富含欧米伽3脂肪酸，可以减低胆固醇，预防动脉硬化和高血压。

每天早晨，除了果汁，我还会喝产自和歌山"月向农园"的梅子精。它是把梅子磨碎、榨汁，然后慢煮制成的。浓缩了梅子的有效矿物质成分，非常之酸。所以需要加入一些蜂蜜，用热水冲着喝。平时我很少感冒，我觉得应该是拜他所赐。

袋装的"有机Hujiwara青汁"，我会一次多买一些，放入冰箱保存。大多数情况是在晚上喝，有美肌作用。用电饭煲做的甘酒，在做菜的时候用得比较多，不过肚子有点饿的时候喝一些，也会一下子元气大增。

我的观点是：饮食健康法，如果饮品、食物不好吃的话，很难长久持续下去。正因为这样我一般不会去吃或者喝那些营养保健品。而且与食物相比，我觉得饮品更能让我一直持续地喝下去。

我的健康秘诀就是不要等身体出了状况，再找方法来应对，而是在平时就多摄入一些对身体有益的东西。

放下手边事，坐下来吃杯茶

理想的下午，暂且逃离忙碌的工作和琐碎的生活，允许时间虚度一段时光，生活会变得更加简单、安静、从容。

送完孩子上学，早上的家务也告一段落的时候；在家摄影开始前，离集合还有数十分钟的时候；为晚餐做准备之前等，也就10分钟左右的时间，一天里我会有几段这样的时间可以喝茶，放松一下心情。安静地坐一会儿，伴着香茶，尝一口手伴礼的甜点，这是我最放松的瞬间。同时还有让我的头脑和身体得以充电重启的效果。我的家就是我工作的地方，一旦振作了精神，我可以在"无止境"的工作家务中一直干下去。而有了这样的茶时间的空闲，一下子让生活产生了节奏感。

有客人到来，端上茶水是招待的第一步。虽然只是一个小小的举动，但是慢慢地，彬彬有礼地为客人斟上一杯茶，在不知不觉中人和人之间的关系变得顺畅起来。

我们家茶盅大多比较小，因为这样的茶盅所盛茶水的量，可以让我们在茶水没有冷却下来之前就可喝完。因此，需要不时地冲茶泡水，不过这也是喝茶时的一种乐趣所在。在我家因为工作的需要，有时开会时间会比较长，这时候往往第一杯喝的是煎茶，然后是棒茶，接着风格一变再喝草本茶、台湾茶等各种风味的茶水。

煎茶我喜欢"鱼河岸茗茶"，家里会定期买来，存放在烤箱架上的山樱木罐子里。还有一个常会买回来的是金泽"丸八制茶场"的"献上加贺棒茶"。我们家时常有客人来访，所以家里一直备有5~6种茶叶。香味是茶的生命，因此我觉得，少量购入，流转快一点会更好。

理想的下午，暂且逃离忙碌的工作和琐碎的生活，允许时间虚度一段时光，生活会变得更加简单、安静、从容。

鳄梨油和亚麻籽油因为只有进口的，在日本买很贵，所以我常常去海外的时候买回来。

每个月自己做1~2回甜酒，放在冰箱里保存。"月向农园"的梅子精是一位编辑朋友介绍给我，通过邮购寄来的。

伴我度过茶时间的茶壶，多是制作家们的作品，而且越用越有味道。

一年四季的厨房日历

　　每个季节特有的厨房工作，有着与平时做饭所不同的乐趣。"今年××的季节又到了"，类似这样的喜悦，也是生活中的一份小奢侈。

　　对我来说，生活不是许愿就会达成的梦，生活是一分一秒完成的过程。无论贫贱还是富贵，每天都要用心过生活。

1~2月份

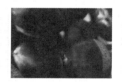

　　冬天是柑橘类的季节。柚子可以做成柚子茶或是糖汁柚子。每年必备的"金桔蜂蜜煮"，富含维他命C，可以预防感冒。这种蜂蜜煮还可以和甜料酒、酱油一起，在煮猪肋排时加入一些，就成了一道可以拿来招待宾客的料理。

3~4月份

　　说到春天，那当然就是草莓了。黄金周前的一段时间，露天种植的草莓开始陆续登场，可以拿来做糖汁草莓和草莓酱。糖汁草莓和酸奶和豆奶混在一起做成奶昔，还可以作为秘制配方加在色拉酱中。草莓酱涂在法式吐司面包上，是我喜欢的吃法。

5~6月份

　　每年，在蔬菜店里摆放着飘香的新鲜花椒也就那么几周的时间。趁那段时间，得做一些"酱花椒"和"皱皮花椒"。这个时期还会有嫩姜上市，做上一些糖醋生姜，可以当作肉、鱼料理的开胃小吃。

　　梅子也是这个季节的代名词。"梅干""糖汁梅子""梅子酒"是每年必须要准备做的。所以我会多买些梅子回来，冷冻保存。糖汁梅子吃完了，就再追加做两回。因为冷冻后的梅子，果肉的组织被破坏，反倒可以析出更多梅子的精华。

7~8月份

　　这几年，每到这个时候都会收到好多的杏子，这成了夏天的一件乐事。杏子上市的时间比梅子更短，做杏子酱、泡杏子酒，品尝只属于这个季节的酸甜味。

　　沐浴着充足的阳光，番茄成熟了，做上一瓶番茄酱。番茄切大块，白葡萄酒里加入香料月桂叶、洋芹菜叶、大蒜等香味蔬菜，放在一起慢慢炖煮，用它们做成的意大利面番茄酱是一道绝品。

9~10月份

　　要说秋天会收到的那就是栗子了。栗子是全国各地很多地方的名产，想着"今年吃哪里的栗子"，也是件让人开心的事。很多人都

觉得剥栗子皮是件苦差事，不过一旦你开始做了，过程还是挺单纯的，所以我很喜欢。带皮煮栗子、做栗子饭，还可以为新年的"栗子甘露煮"做准备。

11~12月份

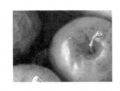

冬天有很多机会可以收到别人赠送的水果之王——苹果，趁着苹果还新鲜，我会拿它们来做成苹果酱、苹果酒、苹果醋。在苹果酱里加入月桂、豆蔻等香料，煮了以后，泡红茶的时候放入一些也很美味。装入小瓶，作为圣诞小礼品赠送给平时给予我关照的各位，也算是礼轻情意重了。

剥栗子皮的时候，事先把栗子放在水里充分浸泡，这样剥起皮来就容易多了。

开心地吃点心，是对自己的奖赏

把房间收拾得干净整齐，在一个让人愉快的空间里，才更能凸显这种奖赏的美味，并从心底里真正感觉到这种美味。

　　去看一眼最近成为大家议论话题的点心店或面包店，抑或是收到寄送来的点心，这都是我喜欢的事情。我常把这其中的几款糕点看作是对自己的一种奖赏。虽然很难说清哪些地方使它们成了我的"奖品"，不过价格高、一品难求，这些都不是我选择它们的理由，关键还是它们的特别和与众不同。我原本就并不属于偏爱甜食的那一类，所以一年也就吃那么几次，不过吃着吃着总会有一种幸福感油然而生，接着就还会有下一次去把它买回来的冲动。

　　我第一个要介绍的就是Pierreherme Paris的油酥饼干。这款黑橄榄拌着橄榄油烘焙成的曲奇饼干，有一种独特的椒盐味。浓厚的口味和红葡萄酒非常搭，感觉是一种专为成人准备的曲奇饼干。每年7月份的时候上市，去市中心的时候，我总要去买一些回来。

从右上开始按照顺时针方向依次为：Savouree 的油酥曲奇"阿波之风"和斜波纹蛋糕。
与做料理一样，它们最吸引我的地方就是经过严选的优质食材。

第二个要介绍的是虎屋（Toraya）的"阿波的风"甜品。使用和三盆糖做成羊羹，是阿波国（德岛县）的名产。虎屋有各种羊羹，我最喜欢的就是这一品，甜度适中而高级。累的时候吃上一口，身心立刻有被治愈的感觉。虎屋的严格慎重精选原材料是出了名的，这一品羊羹就是对这一点最好的呈现。

第三个是Signiflant Signifie的斜波型奶油蛋糕。因为工作的原因我常去的一家料理工作室就在这家店的旁边。每次去那儿，我都要顺便去一下这家店。这种蛋糕使用栗粉，加入自家制的煮杏仁，烘焙而成。因为这款蛋糕是季节商品，所以它的香味也会时有不同。不过蛋糕本身温润，风味饱满，足以让人感觉到一种惊人的奢华，而且它也相当适合喝酒时品尝。

与糕点有所不同，来自各地的各季水果对我而言也是一种不错的奖赏。无农药栽培的和歌山南高梅、沐浴了夏天充足阳光的冈山桃、饱满有光泽的丹波的栗子，这些被称为各地名产的水果，只在这个季节，从远方寄送而来，这无疑就是一种奢侈。

只要一想到"这种美味只属于这一个季节"，就会倍感珍贵；随着季节的变迁能够真实地感觉到"今年又可以品尝到这种美味了"，这就是生活中的一种喜悦。

打不起精神或是情绪低落的时候，大家会想到"犒赏一下自己，给自己打打气"。不过要是我的话生活节奏不规律的时候，反而会忍住这样的奖赏。堆积的工作被一点一点理顺、顾不上的家务被一点一点按部就班地消化，这样当生活又回到自己原有的状态时，才给自己一个奖赏。把房间收拾得干净整齐，在一个让人愉快的空间里，才更能凸显这种奖赏的美味，并从心底里真正感觉到这种美味。

每日日程安排

为了让今天的自己和明天的自己可以轻松一些，我会把自己的想法，融入其中，在时间的安排上下一些功夫。细致地、一点一点完全无需勉强。我试着记下了平时一天的时间安排。

4：30

起床。首先喝水或是白汤，更换衣服，洗脸。利用孩子还没起床的这段安静时间，集中写一些稿件，回复一下邮件，完成一些文字工作。

5：45

开始准备做早饭。同时也做一些晚餐的准备。同时开始开动洗衣机洗衣服。

6：20

6点稍过儿子起床，我和孩子一起一面看电视，一面做广播体操。早上充分伸展四肢，会变得神清气爽。

6：30

和家人一起吃早餐。以蔬菜汁为主，加上蒸蔬菜和汤，一份简易的菜单。若头天晚上先生加班很晚回家，就只是我和儿子两人的早餐。餐后收拾干净，送儿子上学，回来后开始打扫房间。起居室、厨房、卧室再到走廊、玄关，先用掸子掸落灰尘，然后用吸尘器吸尘，再用湿抹布抹擦。盥洗室、厕所等全部打扫干净，用时30～40分钟。

8：00

清扫告一段落以后，一面看着NHK的连续剧，一面喝茶一杯。在轻松的氛围中，确认着一天的日程安排，考虑更为高效的行动。

8：30

用干以后晾晒衣服。不用在家里摄影的时候，我会晒被子，清扫擦窗。平时无法做的家务我会集中放在这个时间完成。

10：00

外出采购摄影用的食材。如有需要，我就会开车去市内。如果拍摄张数多的话，我就要多准备一些食材，充分利用那些有当天送到服务的店家。

0：30

回家以后准备午餐。因为只要做我和先生两人份，所以会利用常备菜，差不多15分钟就能做好，以简单的面类为主。晚餐的准备工作，如果在早上还没有完成的部分，在这个时候完成。

1：00

午餐收拾完后，集中进行写稿等电脑文字工作。有时也会带上电脑去咖啡馆写上一段。

下午

3：00

儿子从学校回家。送他去足球或是游泳兴趣班。

5：00

儿子又一次回到家。趁着孩子洗澡的时候，我做晚餐。早上和中午都已经做好了晚餐的准备工作，花上30～40分钟就可以把晚餐搞定。

6：00

我从孩子睡觉的时间来倒推，这个时间点一家三口围坐餐桌，开始吃晚餐。因为早上和中午有些匆忙，所以晚餐就吃得相对比较从容。

7：00

晚餐后收拾。清洗餐具、打扫炉子周围和排风扇，都是在这个时间完成。这里的打扫不马马虎虎，第二天一早气氛完全不同。

7：30

泡澡。在浴缸里泡澡的同时，清洗一下抹布，清洁浴缸也可以在这个时候进行。

8：00

孩子上了床，我会在他边上给他念绘本，或是自己看书，悠闲地度过这段时间。

9：00～10：00

我本人也在这个时间就寝。自从有了孩子以后，我就养成了早睡早起的习惯。睡前我还有阅读的习惯，时常我会把喜欢的书带到床上去看。只是睡眠一向不错的我，看上10页左右眼皮就会打起架来。

第四章

▽

每日从容下厨房，用心烹制"我家"味道

有了"储备菜"，做饭更轻松
自制汤汁既美味又健康
合理使用冰箱空间
享用当季的新鲜食材

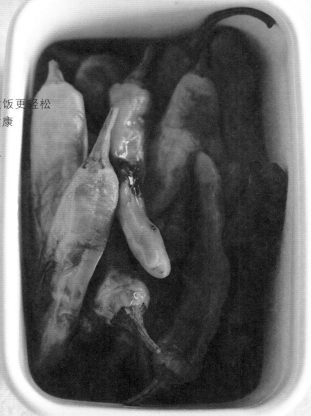

有了"储备菜"，做饭更轻松

学会用简单的方式，做出丰盛美味的菜肴，让家人感觉生活的美好。

　　即便再忙，也要为家人亲手烹饪美食。从几年前开始，我就养成了制作"储备菜"的习惯。"储备菜"有些人也把它叫作"保存食品"，我的"储备菜"和那些能长时间放的咸梅干不同，不是为了能长时间保存，而是为了能在每天做饭或是做便当的时候把它们当作"小菜的原料"灵活使用。

　　制作"储备菜"是源于我以前从事宴会服务工作的经验。我们有时需要一下子预备几十个人的餐食，准备工作就要从前一天甚至是大前天开始。在准备期间，就要考虑到"怎样才能做到二三天后吃的时候还可以非常地可口"，在实践中积累经验，也就诞生了现在的"储备菜活用术"。

　　趁食材还新鲜，揉上一些盐，或是用醋、油腌泡一下，无需其他多余的调味，这样既可以保持食材的新鲜度，又可以凝缩食材的鲜美。无论以后做日式风味还是西洋风味的料理，都可以有效地利用。制作"储备菜"的要点是"不要完成全部的调味"，如果把"储备菜"做成一道成品的料理，我们就得重复吃着相同的味道，吃到最后有一种强烈的"剩菜"的感觉。如果把"储备菜"作为一道食用前最后调味的料理，还可以起到提升食材鲜美度的作用，也可以说是为做出更可口的料理留下了空间。

我觉得这样的"储备菜"不需要特意去制作，若是在有空闲的时候，用"顺便做一下"的心态去做会比较好。我常常是在准备晚餐的时候，顺便制作这些"储备菜"。比如，卷心菜一半拿来炖煮，剩下的一半就切成细丝撒上些盐，做成盐腌卷心菜。还比如，用剩下的半根黄瓜，可以做成酸黄瓜或是韩式凉拌菜。

还有鱼鲜和肉类，买来的当日是最新鲜的，过几天鲜味就会大打折扣。这时如果用盐或是味噌酱、酱油等调料稍作调味后保存，不只是可以防止鲜味的流失，还可以使之增加食材成熟的风味。把鱼鲜或肉切成易于烹饪的条块，用调料调味，真的只需要2~3分钟就可完成，却一下子延长了保持食材鲜美度的时间。

有了这样的"储备菜"，做饭时的心情也会变得更轻松。所以，用一些余力就可为第二天、第三天做好准备，这样的良性循环是很理想的。

经常想着"我要努力做储备菜"的人往往会一下子做五六种，

然后有一种"大功告成"的感觉。其实制作太多的量而用不完，它们最后的结局很可能就成为冰箱里的藏品，而且一直使用相同的"储备菜"做饭，很快就会吃腻。原本制作"储备菜"是为了让做饭变得更轻松，现在却有了"得赶快把那些储备菜解决掉"的心理负担，从而违背了原来的初衷。

我们可以先做一种，有了心得以后，接着再制作一种。如此1~2种"储备菜"用得得心应手了，慢慢就成了一个可以长久使用的方法了。学会用简单的方式，做出丰盛美味的菜肴，让家人感觉生活的美好。

盐腌卷心菜

材料（易于操作的分量）：卷心菜1/2个　盐1小勺　醋1/2小勺

①卷心菜用水洗净，好好沥去水分，切大块放入大碗。

②在①上撒上盐，用手轻轻揉搓，放入保存容器，最后再浇上一些醋就完成了。

※在冰箱中可以保存1周。可以放汤，也可以与蘑菇和肉一起炖煮，还可以切成丝和襄荷一起用醋腌泡，还推荐和煎鸡蛋一起做三明治。

腌干萝卜丝

材料（易于操作的分量）：干萝卜丝40g　A（米醋50ml、甜菜糖1大勺汤汁150ml　酱油1大勺　盐1/4小勺）

①干萝卜切丝后用水揉洗，清水浸泡8分钟后，挤去水分。

②把A放入小锅，中火煮开。

③把①放入保存容器，并将②趁热倒入。

※自然冷却后放入冰箱，可以保存1周。可以和鱼酱油（泰nam plaa）、柠檬汁一起腌泡做成民族风料理，也可以切细后和番茄凉拌，还可以和肉块一起炖煮，都非常美味。

生姜酱腌猪里脊肉

材料（易于制作的分量）：猪里脊肉（生姜烧用）10片
A（生姜末1片　酒2大勺　甜料酒1大勺　酱油1大勺）

①A混合后撒在猪里脊肉上，轻轻地揉捏，放入保存容器中。

※在冰箱中可以保存4天左右。当然首先可以做生姜烧，也可以切成
薄片放在莲藕上蒸，还可以和蘑菇一起包上铝箔烤着吃。

我用的是野田珐琅的储物容器

基本上我家冰箱里一直就有像这样的一定量的储存。接下来只要烧、拌等步骤就可以制作完成，所以做菜的准备一下子就变得轻松多了。

"冷冻储备菜"也能很美味

对生活多一分用心，就会多一分美好。

对生活多一分用心，就会多一分美好。"食物经过冷冻后口味会打折扣"，以前的我也会有同样的概念。但是，因为杂志工作的机缘，我有机会尝试各种烹饪方法，我发现如果使用那些适合冷冻的食材，再加上合适的烹饪方法，其实"冷冻储备菜"是一种很便利的方法。从那以后，我开始在家里定期准备一些"冷冻储备菜"。

"冷冻储备菜"以肉和鱼等富含蛋白质的食材为主。这些食材经调味后冷冻保存，鲜美度不会降低，即使冷冻两个月左右也不会被"冷冻焦掉"（一般控干水分后冷冻，解冻后肉质会变得干巴巴，口感变得很差）。

比如鸡肉，用酱油、酒、调料酒调味后放入保鲜袋后冷冻保存。可以和牛蒡或是莲藕一起炖煮，还可以蘸上淀粉做炸鸡块，亦或是做成嫩煎照烧鸡盖浇饭等，可以有很多种的应用。因为事先经过了调味，所以可以在短时间里完成烹饪，而且口感比生鲜冷冻来得更柔软。

与之搭配的饭菜，可以是用盐和橄榄油腌的"腌泡洋葱丝"（切丝以后稍煮然后凉拌，或是和肉、鱼一起烹饪）；也可以是在煮熟的蘑菇上撒上盐的"盐腌蘑菇"（既能当作蛋包饭的芯料，也能作为乌冬面和荞麦面的浇头食用）；还可以是把土豆煮熟撒上盐捣成的"土豆泥"（可以和生奶油混合后做成奶汁烤干酪，还可以做成可乐饼）。这些配菜也都可以冷冻保存。

这些"冷冻储备菜"不同于市贩的冷冻食品，可以放在微波炉里加热后直接食用，而是和其他菜一样要经过烤、蒸、煎等最后一道工序，而且解冻后在当天食用是保持美味的关键。建议大家可以按照以下的方法先做做看：多买些肉，在准备晚餐时顺便把其中的一半做成"冷冻储备菜"。

在冰箱的冷藏室内可以存放1~2种"冷藏储备菜"，在冷冻室里保存2~3种"冷冻储备菜"。有了这些储备，可以让做饭一下子变得轻松起来，大家不妨动手试试看吧！

酸奶腌鸡腿肉

材料（易于制作的分量）：鸡腿肉500g　A（无糖酸奶1/2杯　盐1小勺　酒1大勺　橄榄油1/2大勺）

①把鸡腿肉切成适当的大小。

②把①和A放入碗中充分揉捏。放入保鲜袋内冷冻保存。

※在冷冻室里可以保存2个月。既可以撒上淀粉后油炸做成炸鸡块，也可以和豆类一起炖煮，非常美味。浸在酸奶中，可以使鸡肉变得酥软。

柠檬汁腌鲑鱼

材料（易于制作的分量）：生鲑鱼4块　洋葱1/2个　A（柠檬薄片2片、柠檬汁1大勺、白葡萄酒50ml、盐1小勺）橄榄油1大勺

①每块鲑鱼三等份，洋葱切成薄片。

②把①和A放入保鲜袋轻轻地混合，再加入橄榄油让它浸透全部，冷冻保存。

※在冷冻室可以保存1个月。既可以在外面抹上面包粉做成炸鱼，也可以用黄油嫩煎，还可以和蘑菇一起包上铝箔烤。因为是用柠檬汁腌泡的，所以没有腥味，而且相当美味。

左下方竖着摆放的是冷冻储存。"无印良品"储物盒里放的是肉和鱼等食材。

冷冻储存时先尽量把密实袋里的空气赶跑，弄成扁平状以后再摆放保存。我还建议在袋子上写上冷冻的日期。

合理使用冰箱空间

营造一个舒心的厨房，不仅需要有生活的智慧、整理的技巧，还要有对生活的热爱。

营造一个舒心的厨房，不仅需要有生活的智慧、整理的技巧，还要有对生活的热爱。因为要保存工作上用的蔬菜以及家里日常用的蔬菜，所以我的冰箱需要有相当大的容量。几年前，我开始使用GE冰箱，没有多余的功能，只有冷藏室和冷冻室。可能是美国制的原因，我很中意它刚健有质感的设计，而且冰箱中保存的东西也能让我一目了然。冰箱里面很深，说实话有时取出东西时还有些吃力，所以一些小东西我就尽量不放在里面，或是用"无印良品"的聚丙烯托盘代替抽屉使用，总之我为此动了不少脑筋。

冷藏室的使用方法，最重要的莫过于让存放的物品得到良好的使用循环。放在那儿不管，或是放任冷藏、冷冻都是不可取的。经常掌握冰箱中存货情况，食材不要买得过多。这样的话，不同的东西分别放在不同的地方，所以我觉得"冰箱里不要塞得过挤"相当重要。

我一般一周请宅急送给我家送一次食材，在收货的前一天，我会趁机把冷藏室清理一下，剩余的蔬菜用来做蔬菜汤，或是做成西式酸菜以便腾出地方，确保新鲜的食材可以有存放的空间。我家冰箱有两个蔬菜储藏室，左侧放陈蔬菜，右侧放新鲜蔬菜，基本上剩下的蔬菜都会被移到左侧存放。

　　一般宅急送送来的或是在超市里买来的蔬菜，都有塑料包装袋。不过开封后，用剩的蔬菜需要换保鲜袋。为了避免氧化和干燥，以防口味劣化，袋子的大小也各有不同，而且还要便于拿取。

　　叶菜类我一般会用报纸卷好，根部朝下，放在冰箱门的储藏格中。根菜类如果带着土的话，我也不去理会它。大叶子的，我就用铝箔纸包好。总之根据不同的食材，我会使用不同的小窍门。

　　冰箱是食材的临时保管所，它们只是在此做短暂的停留，最终要踏上旅途去它们要去的地方（要去的地方当然就是家人的胃囊）。抱着这样的想法使用我们的冰箱还是不错的吧！

把蔬菜竖着放到冰箱门上。

可以首先放置的地方

把较低的瓶子放入盒子，放在冰箱自上而下的第一层，便于拿取。第二层的左边有储物容器，它们下面就是微冻结室，存放鱼、肉等。

剩余的蔬菜放入 Tupperware 的储物盒。

蔬菜室。左边放蔬菜存货，右边放新鲜蔬菜。

和食的基本汤汁

一个爱做饭的人的厨房，一定是充满爱的食欲，十分吸引人的。

　　一个爱做饭的人的厨房，一定是充满爱的食欲，十分吸引人的。很多人都觉得熬制汤汁十分麻烦，而实际上试着做一下，你就会发现，烹制的时间也就10分钟左右。至于"海带汤汁"，那就更简单了。把水倒入放有海带的容器中，在冰箱中放置一个晚上。要算时间的话，也就是几秒钟。总之，做与不做还是取决于你是否已经养成了自己烹制汤汁的习惯，这只是一念之差而已。养成了习惯的话，这还真算不上是一件麻烦的事。

　　一旦你的舌尖习惯了自制汤汁的美味，我认为你就很难再回到速食汤汁上。与花时间相比，如果优先考虑的是"味美"，那么就一定要让汤汁制作成为你的一种习惯。

　　和食的基本汤汁"干制鲣鱼海带汤汁"用的是"第一道汤汁"，起辅助作用的是"第二道汤汁"和"海带汤汁"。蔬菜味噌汤、高汤、焯蔬菜等用的也都是"第一道汤汁"。二道汤汁和海带汤汁则常在做汤、炖煮、菜饭、咖喱饭中使用。一般需要加水的地方，若是用了汤汁，味道一下子就有了厚度。做味噌汤，如果没有干制鲣鱼海带汤汁的时候，可以用蚬或是蛤仔代替，再加上有分量感的油豆腐等食材配料，这也是一种小窍门。

做"干制鲣鱼海带汤汁"，一次做两天用的量。因为这种汤汁与海带汤汁相比，味道更容易变坏，所以一般最好在两天内把它吃完。如果一下子吃不了，可以在制作的当天放入冰箱冷冻保存。

我一般都不会冷冻保存，但是在我孩子小时候吃辅食的阶段，经常用制冰机冷冻。两个冰块的量正好和孩子要吃的量契合，经常用来和大米、蔬菜一起熬煮。

如果需要冷冻汤汁的话，用便签或是修正带写上制作的日期，会比较好。因为即使在冷冻的情况下，汤汁的风味也会一点点地流失，所以我们要尽早把它们吃完才是上策。

制作海带汤汁，是把海带放在水中浸泡两天，然后取出海带。在5天内食完最佳。

制作汤汁的干制鲣鱼和海带挑剔产地。现在我的心头之好是萨摩的荒节干制鲣鱼和利尻海带。一般家庭常用的海带不需要像料亭里使用的那样肉厚又高档，普通的海带做海带汤汁就绰绰有余。不过要记住的是，干制鲣鱼刨花后马上就会被氧化，所以尽量趁它还新鲜的时候就把它用完。

另外，我会把做完汤汁的干制鲣鱼和海带，取出放入保鲜袋，冷冻保存。两周一次，或炒或煮，用来制作常备菜（参照P129）。这些用于便当和家常饭都相当方便。做好汤汁后，把它们的水分去掉，放入保鲜袋冷冻保存即可，请大家一定试着做做看。

干制鲣鱼海带汤汁

材料（易于制作分量）：海带1张5x10cm　干制鲣鱼20g　冷水1升+500ml

①在锅中放入水和海带开中火烧煮。在水快要煮沸前，如果看到海带的两端冒出小的气泡来，就可以把海带取出来。

②改开小火，加入干制鲣鱼，搅匀。关火，放置，直到干制鲣鱼沉下。

③淘箩铺上纱布，将②过滤，这就是第一道汤汁。

④把过滤剩下的干制鲣鱼和海带再放回空锅，加入热水，放置5~6分钟。用铺了纱布的淘箩再过滤一次，这就是第二道汤汁。

海带汤汁

材料（易制作分量）：海带1张5x10cm
冷水1升

①在保存容器中加入海带和冷水，在冰箱中放置一个晚上。

①把海带放入热水中，渐渐达到舒展的漂浮状态，不能煮烂了。

汤汁过滤后滤下
的鲣鱼花和海带
也可以拿来做甜
煮小鱼干。

②放入长长的鲣鱼花，注意是否出现杂味。如有泡沫出现，要去掉。

过滤好的汤汁，冷却后放入Tupperware储物盒的SLine中保存。左边的是海带汤汁。

也可以用厨房用纸代替纱布

③过滤的时候我常使用纱布。用起来很是方便。

一直就爱用的Tupperware储物盒

八方汤汁（左）和醋酱（右），也放入汤汁容器保存。

使用配制调料的小窍门

厨房蕴藏幸福，食物带来欢欣，而每餐使用的调料更是有着无法言说的精致。

　　厨房蕴藏幸福，食物带来欢欣，而每餐使用的调料更是有着无法言说的精致。为了缩短料理的制作时间，要是有一种可以对口味起决定作用的调料，那就方便多了。我就常备着这种调料，它们就是"八方汤汁"和"醋酱料"。每当用完，我就会重新制作。就是它们决定了"我的味道"。

　　"八方汤汁"是加入了海带、干制鲣鱼、干香菇做成的配制调料，和所谓"面条佐料汤"差不多。它不只有酱油的咸味，还充满了汤汁特有的鲜味，所以它对日式料理的调味起到了决定性的作用。自制汤汁和市贩的相比，更香浓也更鲜美。当然还有让人更放心的是没有添加多余的成分在里面。日式料理菜谱中常见到"酱油几大勺""甜料酒几大勺""日本酒几小勺"的字样。如果我们有了配制好的"八方汤汁"，就不需要那么细微地去计量每个调料，对我来说这就省下了不少功夫，大大地缩短了料理的制作时间。

在炖煮料理、高汤、芝麻凉拌菜、豆腐芝麻凉拌菜、肉、鱼料理等的调味中，都可以用到"八方汤汁"。它还可以和韩式辣酱、碎芝麻一起做成生鱼片的蘸料；由苦瓜、鸡蛋做成的蔬菜豆腐，"八方汤汁"也能做它们的酱料；在做肉丸、咖喱、炸鱼饼时，"八方汤汁"也是一味"隐身"调料。如用"八方汤汁"替换菜谱中的"酱油"，我敢说定能使味道更醇厚有层次。当然若是用水冲得再淡些，就能做成荞麦面、乌冬面的佐料汤了。

"醋调料"是汤汁和醋混合后配制出的调料。因为醋经过一次沸腾以后，原来那种有棱有角的酸味已经变得更为温和。拌色拉的色拉酱中、凉拌菜中都可以看到它"活跃的身影"。再加少许糖，还能作为寿司醋使用。

我家每天晚餐都要有一道带酸味的小菜，有了这种"醋调料"可是帮了大忙了。可以在炒新土豆丝时放一些，也可以在大叶丝上加上一些，再加一点鱼酱油，就可做成腌泡菜，还可以在醋调料中加一些蜂蜜，把切成条的水萝卜、西芹、萝卜腌在其中，立刻就成了一道西式酸菜。

"八方汤汁"也好、醋调料也好，都是基本的调料，在这之上，加入些其他的调味料，如辣味、香辛调料等，就能扩展出新的味道。比如加入了橄榄油以后就成了西式调料，混合了芝麻油后就变身为中式调料，和碎芝麻或芝麻酱、柚子、胡椒一起混合就成了日式调料。另外，它们还和黄芥末非常搭，可以变化出很多种不同风味的调料，非常有意思。

比如在自制柑橘醋、配制自己喜欢的色拉酱时，或是在做一些只需简单切、煮、凉拌就可完成的料理时都可用这两种调料。所以在我有麻烦的时候，它们就是我的"救世主"。对忙于工作的人来说，它们是非常值得去关注的两种调料。

另外，保存调味料的容器一定要非常清洁。最好是煮沸消毒（在一个大锅里放满水，再把瓶子和盖子放在水中，开中火煮，沸腾了以后再煮5分钟。用夹子或长筷子把它们取出后，放在毛巾上，自然干燥）。实在没有时间的话，可以泡在开水中，也可以或是喷一些有抗菌、防霉功效的酒精，然后放着自然干燥。

八方汤汁

材料（易于制作的分量）：酱油500ml　海带5x10cm大小的2张　干制鲣鱼50g　干香菇3~4个　调料酒50ml　酒100ml

①把所有的材料都倒入锅中，放一个晚上。然后用小火加热，烧开后关火，让它慢慢冷却。

②用淘箩过滤（做完八方汤汁后的海带、干制鲣鱼、干香菇我建议可以拿来做甜煮菜，切碎后还可以用来做菜饭）。

※在阴凉处可保存1~2个月。

醋酱料

材料（易于制作的量）：米醋400ml　海带5x10cm大小的1张　酒60ml　甜料酒（味醂）50ml　盐2小勺

①把所有的材料入锅，小火加热。煮开后关火，放着慢慢冷却。

②用淘箩把①过筛（做醋酱料用的海带可以和切细的白菜、萝卜一起腌泡起来，或是切成2cm大小，放入180°C的热油中煎，做成炸脆片也很好吃）。

※在冰箱中可以保存2个星期。

自己动手制作味噌酱

美好的生活，是你为下厨房挑选的每一种食材，是你亲手为家人烹饪的每一餐。

　　美好的生活，是你为下厨房挑选的每一种食材，是你亲手为家人烹饪的每一餐。每日三餐，尽管食材不必都是名贵之物，不过我觉得调味料一定要用上乘的材料。所谓"上乘的调味料"是指使用天然原材料，坚守古法，不添加多余成分的调味料。如果加入了"上乘调味料"，即使加的量不多，也可以调出可口的"我家味道"。现在就介绍几款我最近非常中意的调味料。

　　酱油用的是岛根县"井上酱油店"的古法制酱油，既鲜香，又不会盐味太过浓烈，温和的口味是我最中意它的地方，我从两年前就开始对它爱不释手。前面提到的"八方汤汁"中用的也是这种酱油，每天做饭时都会用到它（另外有很多人会因为酱油用得过多，而使得料理的口味都大同小异。如果是这样的话，就该"弃用"酱油一段时间，试着重新调整菜谱）。真正品质上乘的酱油，有丰富的味道，即使使用很少的量也能做出美味的料理。

料理酒我用的是金泽"福光屋"出品的"纯米料理酒"。一般市面上卖的料酒都会添加一些盐或是酒精，这家最难得的就是没有添加任何多余的成分。就这么直接喝也能感觉到它的美味，而且不只是日式料理，中式料理、洋食加入后也能凸显醇厚的口味。虽说只要是日本酒，基本上都可以作为料酒使用（有些朋友还常用价格实惠的简杯装酒做料酒，若开瓶后能尽快用完，也是不错的选择），不过必须选用纯米酒，而不是精酿酒。精酿酒酒精味有余，甜味不足，所以不太适合作为料酒使用。在洋食中常用的葡萄酒，很多都是我平时喝剩的几百日元一瓶的便宜货。不用那种料理专用葡萄酒，关键只要是"好喝的葡萄酒"就行。料酒有去腥、使口味更富有韵味的作用，真感谢有它的存在。

因为很喜欢吃带有酸味的菜，我常使用各种不同的醋，不过现在基本上都是京都"村山造酿"的"千鸟醋"。上品又温和的口味和香味，和食材相得益彰，而且最近让人高兴的是可以在很多店家买到他们家的醋。其他的还有"ミツカン"的酒糟醋"三つ判山吹"（甜香浓郁，常用于寿司和醋拌菜），岐阜"内堀酿造"的"临湖山黑酢"（可用于炒菜、炖菜），三重"中野商店"的"无添加玄米醋"（凉拌菜常用）等，不同的料理选用不同的食醋。

我使用食油的种类比醋更多。炒菜用的是三重"九鬼产业"的

"太白纯正芝麻油"和"ヤマシチ纯正芝麻油"这两种，它们都是坚守传统制作方法，很好地保留了芝麻原本醇香的芝麻油。油炸时我会用青森"鹿北制油"的菜花籽油。油香浓厚，在炸鱼时还有去腥的效果，有时我也用它炒菜。胆固醇含量为零，油质清爽，产自智利安第斯的葡萄籽油，适合用来做蔬菜天妇罗，它能很好地突显日式料理的醇香口感。我在洋食中常用到橄榄油，如需加热使用的，我会选用产自西班牙的"卡波纳"橄榄油，如果是生食的话，我就会用土耳其产的アデタペ或是意大利产的Frescobaldi。因为工作的原因，我会备有很多种类的食用油，而在调味料中食用油是最容易劣化的，开瓶后要尽早用完。所以我建议大家买小瓶装常备在手头。

甜料酒（味醂）我用的是爱知"角谷文治郎商店"的"三州三河味醂"，是一种可以直接饮用，用米做成的利口酒。我做菜时一般不用砂糖，甜料酒（味醂）可以软化食材，还可以增添甜味，所以是起到非常重要作用的调味料。

至于味噌酱，每年2月份我会和孩子、朋友一起制作大约10kg左右的"自家味噌酱"。即便如此，夏天结束的时候还是会被全部吃光。秋末冬初，我娘家和婆家都会再送给我一些。原本我娘家就是自制味噌酱，对于自制味噌酱的好处和所用的原材料都了然于胸，所以我也传承了这一传统，自己在家里酿制味噌酱。在市面上买到的味噌酱多多少少都会添加一些其他的东西；虽然自己无法制作的酱油和甜料酒也是如此，但至少我们还是每年坚持自己动手制作自家味噌酱。

来份"罐头"简餐

在忙碌的日子里，也能吃到美味的食物，就是最幸福的人生！

因为工作的机缘，我有机会用到了罐头，那之后我就对罐头的看法一下子发生了变化。在这之前，我总认为罐头只是一种在非常时期可以用的保存食品，平日三餐并非缺它不可。

正规厂家生产的鱼罐头，如果使用的是当季的食材，那味道一定是十分鲜美，营养价值也很高。酥软的鱼骨头，可以让你把鱼整个吃下，对缺钙的身体大有益处，甚至对抑郁和老年痴呆都有效果。忙得无法出去购物，而冰箱里又没有肉、鱼时，我推荐大家可以用罐头。当然鱼罐头还可以当作便当里的小菜。

如果有工夫，要着重检查一下是否加入了化学调料等多余的添加物，以及使用了哪里的食材，用了什么原材料。

旅行时找到的罐头

我推荐的罐头是"竹中罐头"的"天之桥立油浸沙丁"、"Sutou 罐头"的"北海道红鲑鱼中骨水煮",以及含有福井各种食材的"田村长"罐头等。2011 年日本大地震以来,罐头还包含了非常时期的食品,所以我也会在家中常备几个。

青花鱼罐头。罐头里的青花鱼用碗盛放,浇上 2 小勺黑醋,放上 1 小把洗净的小豆苗、高体鰺、半把萝卜丝、麦芽等多种蔬菜,再撒上些炒好的白芝麻。

第五章

▽

好的生活，
就要认真对待每一餐

自己动手做饭是一种美好的享受
一日三餐的搭配是件简单事
快乐做四季便当
和孩子一起吃早餐

一日三餐的搭配是件简单事

对于爱生活的人来说，自己动手做饭是一种美好的享受。

对于爱生活的人来说，自己动手做饭是一种美好的享受。很多人都在为打造不出一份漂亮的菜单而烦恼。一道菜倒还好，如果要充分考虑各种不同菜肴的搭配，那可真是有点难度。再加上还要考虑到不能重复昨天或是前天的菜式，这就像一个复杂的智力游戏，难上加难了。虽然难，但是每天还是要继续。正因为这些理由，我经常被问到："如何来制定我们自己的菜谱呢？"

就拿我来说，制定菜谱的基准显而易见就是"营养"，这也是我有了孩子以后才开始考虑到的。以前不管怎么说我都是随着"今天想吃什么"的心情来做饭的。但是看着一天一天长大的孩子，我越来越强烈地意识到一简单而理所当然的事实：我们的身体是因我们的一日三餐而成就的。

因为我的孩子饭量不大，所以我经常为如何让他在有限的食量中更高效地摄取营养而烦恼，每天要面对工作、家事、育儿的我，怎么样也不能被累趴下。更何况我对营养学的知识也没有什么深入的研究，所以我就给自己定下了两个制定菜谱的原则：能持久坚持和简单容易操作。

原则一，"主菜肉、鱼交替。"如果星期一的主菜为肉，星期二就是鱼，星期三为肉，就这样肉和鱼相互交替。要想更广泛地使用各种食材，第一步就是要找到良好的平衡。这就意味着我要事先确定下每天的主菜就是肉和鱼的互相交替，这样就不会让自己找不到方向，乱了手脚。

我会经常听到类似"鱼料理的拿手菜很少啊！""做完烤鱼后清理烤架很麻烦啊！"的声音，所以我的建议是尽量用生鱼片或是蒸鱼来做菜。

生鱼片不只是蘸酱油这一种吃法，用泰式的鱼酱油或是韩式辣酱，做成异国风味也很不错；还可以用橄榄油和大量的香味蔬菜腌制。在耐热器皿中先放上些京葱等粗切蔬菜，再在上面摆上白身鱼，撒上白葡萄酒或日本酒蒸，不需要什么技巧轻轻松松就能做成一道菜。这样制作的时间也大大地缩短了，跳脱日式料理的固定思维，用鱼肉做的菜可以变化出很多种的可能，这也让我感到乐趣无穷。

原则二，每日三餐有一餐必须有菌菇和海藻。一日三餐要吃各种不同的蔬菜，不过有时也容易在无意中忘记这两类食材。为了确保摄入对身体有益的维生素和矿物质，我一般会在我们三人都食用的早餐或是晚餐中的一顿，有意识地加入这两类食材。

菌菇类在烧的过程中很容易出汁水，而且味道鲜美，所以常被我用来做汤、腌菜或是炒来吃。海藻类如羊栖菜、裙带菜和布芜（裙带菜的根部）琼脂等，可以常备一些它们的干货，尝试不同的种类。特别是羊栖菜我用得比较多，可以和肉一起炒着吃，或是跟梅干一起煮，这是一道经常出现在我家餐桌上的常备菜。石莼可以和蚬一起做味噌汤，也可以在煎鸡蛋时放一些，我甚至还会在炒黄瓜时放一些裙带菜。

我在这两个原则的基础上还附加了另外的内容，比如"每餐的菜要有不同的口感"（不光只是有酥软的口感，如果搭配一些有颗粒感的、脆脆的有点咬劲的食材，口感有了强弱对比，也能很好地增进食欲），"制作方法最好不要重复"（煮、烤、蒸、生食等，采用各种不同的烹饪方法，味道和口感就会自然而然有多种变换，从而使餐桌产生立体感，不至于那么单调），"可以换换口味，加入一些带酸味的料理"（带酸味的菜不但口味清爽，而且还能增进食欲）。把这些原则都储存在脑海中，每天的菜单就是一件简单的事。

当然，把所有的这些原则一下子都记住确实没那么容易，"卷心菜和小萝卜用哪一样？""做配菜的胡萝卜是生吃还是炒着吃？"当遇到这些问题时，回到这些原则的出发点，就可以引导你做出判断了。

"肉之日"的菜单

"猪肉莲藕炒山椒""襄荷凉拌干萝卜丝""凉拌豆腐"和"香菇裙带菜味噌汤"三菜一汤。很好地利用了平时储备的"生姜酱油腌泡猪里脊肉"和"醋泡干萝卜丝"。有咬劲的干萝卜丝搭配润滑的豆腐，口感绝妙。我的大爱——香辛调味料的效果也得到了发挥。

"鱼之日"的菜谱

主菜是照烧鲕鱼,再配上一些牛蒡和口蘑,最后再放上些焯过水的豆苗。配菜是凉拌茄子
和绿辣椒,上面再多摆一些绿紫苏。胡萝卜、京葱和盐腌卷心菜放在一起做汤,此为两菜
一汤。充分利用了平时储备的"盐腌卷心菜",鲜美的主菜加上爽口的配菜,再来一碗温
和的汤,各种口味有着不同的变化。

家中常备一点存粮

以三天为单位也好，以一周为单位也罢，最重要的是趁食材还都新鲜的时候让所有的食材都物尽其用。

我们继续来说说如何制定菜谱。有一个小窍门，那就是我们在考虑菜谱时不要只考虑一天的，而是把三天内的菜谱一并考虑，这样更为高效。有时候一天发生了预想不到的事情，或是因劳累不想做饭，那么也不至于三天量的食材都浪费了，因为后两天可以做适当的调整。所以我们在购买食材的时候，以三天的量为单位来买，这样可以避免食材的浪费。

我一般会做一个简单的食材清单，大致是这样的：星期一鲑鱼、卷心菜、香菇，星期二猪肉、南瓜、羊栖菜。而烹饪方法和调味是不写的。是煮得酥烂一些还是煎炸得脆一些；调味辛辣一些还是温和一些，都是依据当天的天气、身体状况来做调整。

以三天为一个单位来考虑的好处在于我们可以为后两天的安排有意识地提前做些准备。比如今天晚餐要用到洋葱，我在洋葱切末的时候就顺便把明天要用的洋葱切丝，然后放在橄榄油里先浸泡；

还比如在做炖煮料理的时候把两天后要用的鲑鱼放在味噌酱里先腌好。二三天的准备一起完成，时间、劳动力都可以节省不少。

因为我是在家工作，每周都会有一次宅急送送菜过来，一周还会外出采购两次，所以我以三天为一个单位是恰好的，但是有许多人平日都要外出上班，都是在周末一次性购买一个星期的食材。这种情况下就要把一星期的菜单写下来（3天的菜谱大家还能凭记忆记在脑中，一个星期的菜谱就比较困难了），我觉得先想清楚了，也不会造成食材的浪费。食材按照使用的日期分袋保存；容易变质的绿叶菜先焯一下水，然后放酱油腌一下；肉、鱼调味后冷藏或冷冻保存。类似这些处理最好在食材买回来的当天就完成。

以三天为单位也好，以一周为单位也罢，最重要的是趁食材还都新鲜的时候让所有的食材都物尽其用。所以在外出采购之前务必先检查一下冰箱，我们一定要养成充分利用"剩余食材"制定菜谱的好习惯。尤其是在你疲惫、忧虑、烦闷的时候，系上围裙，走进厨房，你的心情就会豁然开朗。

和孩子一起吃早餐

作为一个母亲，可能我为孩子做不了许多事情，但是至少我可以让孩子知道什么是"我家的味道"。

　　平淡生活的温暖处，也许就是与家人、孩子在一起分享美食。从孩子上小学开始，每天早晨我都会让他喝蔬菜汁。早上上学，7：30就得走出家门。可是我的孩子食量小，还属于细嚼慢咽派，所以他的早餐就是面包、蔬菜汁和简单的鸡蛋料理。虽然看似"苦肉计"，但是营养得到了保证。小孩子这也吃一点，那也吃一点，一顿早餐吃好几样小菜也不太现实，所以在一道小菜或是一种饮料中尽可能包含多种营养，从结果看来不但效果不错，而且也比较现实可行。

　　于是我就开始尝试，发现早晨忙乱的这段时间，不用做各式各样的小菜，也能解决这顿早餐，而且还省力。省下的时间可以在早晨的这段时间轻轻松松地为晚餐做些准备。

　　我的蔬菜汁是以苹果和胡萝卜为基础，再根据不同的季节加入芹菜、小松菜、奇异果或是香蕉等蔬菜和水果。把它们切成块儿后，再放入搅拌榨汁机中数秒即可。偶尔滴几滴油，基本上无需添加蜂蜜等糖分，因为我们要品尝蔬菜水果天然的甜味。以后会有什么变化还不知道，我会静观孩子的成长，这样"实验性"的蔬菜汁生活还是会持续下去。

孩子平日的早餐除了以上提到的这些，还会喝"木次乳业"的牛奶（我和先生喝咖啡）和酸奶。酸奶中会放2~3种新鲜的或是水果干。早餐喝牛奶和酸奶是我自己从小就养成的习惯，所以现在我的孩子也继承了这一传统。另外，主食不是面包就是饭团，如果时间允许的话我会用小蒸笼蒸2~3种冰箱里有的蔬菜，连着蒸笼一起端上桌。

平日简单、匆忙的早餐，到了周末就会在这上面多花些时间和工夫了。用砂锅煮的饭配上味噌汤、小鳀鱼干或梅干之类的几样小菜，或是多准备一些调味香料，煮上一锅粥。要说孩子最喜欢的还属法国吐司，做好的吐司放在煎锅里一起上桌，也别有风味。这顿早餐不只是简单的"吃"而已，也是一段家人团聚的美好时光。

在我们家没有类似"大人吃鱼，孩子吃汉堡牛肉饼"这样为孩子专门定制的菜谱。我的儿子从断了辅食开始，就一直和我们吃一样的食物。当然孩子还小，辛辣的或是香辛的口味不适合他，我们就会在大人份里最后加入香辛料，这之前还是做一样的菜。因为原本在我娘家就是这样的做法，妈妈做饭都是以家里的顶梁柱爸爸为中心，考量各式菜谱，所以我们也把这视作理所当然。餐具食器，我儿子从小没有用过塑料的餐具，他用的都是大人们在用的陶瓷餐具中的小盘子或是小碟子。如果专门为了孩子做小菜，既费时，又辛苦，而且那些有图案的盘碟，用不了几年就不能再用，总归是要被扔掉，所以我一般不会去买这样的餐具。

　　用餐的时候，孩子需要遵守和大人一样的用餐规矩。乍听起来好像太过严厉，但是我觉得向孩子传递"我家的家风"非常重要。我长大了才意识到，我的味觉以及关于食物的所有感性认知都是来自于妈妈的料理。这种宝贵的味道记忆造就了现在的我，它弥足珍贵。作为一个母亲，可能我为孩子做不了许多事情，但是至少我可以让孩子知道什么是"我家的味道"。

平日的早餐

用迷你蒸笼蒸出的当季蔬菜和"木次乳业"的牛奶和酸奶。这天的酸奶上还放了一些布伦干和西柚。蔬菜汁是用苹果、胡萝卜、柠檬榨成的。扛饿的硬面包圈，我和儿子合吃一个就够了。如果胃口和时间还有富余的话，就再加一道鸡蛋料理。

休息日的早餐

法国吐司不仅是我儿子也是我先生的大爱，所以休息日登场的机会可能比较多。蛋清里加入砂糖起泡，若要对甜度做适当的调整，既可以在上面添加一些 Mascarpone 芝士，也可以加上一些蜂蜜。牛奶、酸奶和平时一样，可以再加一道嫩叶色拉和西式酸菜。

早晨为晚餐做些准备

在家吃饭的感觉，又干净又健康，还让人感觉温暖幸福。

在家吃饭的感觉，又干净又健康，还让人感觉温暖幸福。特别傍晚，完成了一天的工作和家务，开始为家人的晚餐做准备。这个时候，如果完全从"0"的状态开始做起，一下子会觉得很麻烦，甚至变得不那么愿意做饭也是时常会发生的。

但是，如果这个时候蔬菜已经洗净，切好放入了容器中；做牛肉饼用的洋葱也已切碎炒熟；炸鸡块用的鸡肉已经切好、调味浸渍。类似这样的准备都已停当，那又会是一个怎样情景呢？如果把做饭的全过程比作10分，这1~2分的事前准备，做与不做会大大地改变我做晚餐时的情绪。

切洗食材这道工序，在做菜的菜谱中可能就是简单的一两行字，可是实际操作中却要占用不少的时间。所以，反过来说如果完成了这道工序，接下来的操作应该就非常轻松了。煮、炒、蒸之前，切好了食材，之后的加热、调味等工序就都不怎么麻烦了。我要是知道"今天的工作会比较辛苦"，那么当天的早上我就会把晚餐做汤用的食材先全部切好，入锅，放入冰箱，回来后只要点上火加热即可。

早上的10分钟和傍晚的10分钟，对时间流逝的感觉是完全不一样的。早晨，头脑清醒，神清气爽，哪怕是为了完成任务，心情也是愉悦的。而到了傍晚，一天工作的疲劳，孩子放学回到家后，好些不得不做的任务带来无形的焦虑。是在早上花上10分钟做些事前准备，还是把这些工作留到傍晚，不夸张地说这10分钟就是一个分水岭。

利用早上的时间稍作一些事前准备，或是活用以前储备的存货。不是从"0"，而是从"1或2"开始，这样的安排，可以让疲惫的傍晚一下子变得轻松起来。

基本的日式料理

作为一名料理高手，最关键的还是看是否能把最"基本"的料理做到位。

　　怎样的人才是一名料理高手，是轻而易举就可做出招待宾客的菜肴，还是会烧出很多种拿手菜。当然，这些都很重要，不过就我而言最关键的还是看是否能把最"基本"的料理做到位。

　　比如说，炖煮料理的代表"牛肉炖土豆"。如果扎实地掌握了这道菜的烹饪方法，就能理解"炖煮料理"这一烹饪方法的基本操作，对于其他炖煮料理，都可以加以运用。只需在火候、切配、加入调味的时间等方面做些微调。这也就是所谓做菜的感觉，一旦我们抓住了其中的精髓，我们做菜的能力一定会提高一个层次。同理，炒、炸等烹饪方法，只要确实掌握了一道具有代表性的料理的制作方法，我觉得这就意味着你在烹饪方面向前进了一大步。

　　让我们来看一下具体的制作方法。在第56页我们介绍了各种烹饪方法，那么我们先从炖煮料理的代表牛肉炖土豆说起。

　　关于这道菜，我经常会听到大家抱怨说："土豆表面的颜色已经是茶色的了，为什么味道还是没能进到土豆里面。"这个原因就在于，所有的炖煮料理其实都是一样，如果在食材还没有烧透的时候先加盐的话，因为渗透压的关系，味道就不容易进到食材的里面。所以，我们要先把食材用汤汁煮熟煮软，然后再加盐。请大家务必遵守这个顺序。

另外再说一下关于炖煮料理。与煮开的时候相比，关火后在冷却的过程中其实食材更容易入味，所以，如果有时间，可以先关火冷却，吃的时候再加热会更好吃。另外还有一个细节，如果要想入味均匀，土豆就需要切得大小均匀，这点也很重要。

其次是"炒"的代表"炒豆芽"。因为豆芽含有大量水分，所以常会听到"豆芽菜在炒的时候特别容易出水，炒出的豆芽菜水嗒嗒的"。炒蔬菜时加入调味料后，马上就会出水，所以在加入调味料之前，要先用油把蔬菜炒透，加了调味料后要尽快关火，趁热装盘很重要。炒豆芽要获得脆爽的口感，炒的时间也就控制在1分钟左右。其他的蔬菜也是如此，为了控制出水，先用油炒透，待蔬菜自身的水分散去一些，炒出蔬菜的甘甜和鲜味后再加入调味料。所以我们一定要牢记加入调味料的顺序和时间。

最后是"炸"。要是炸得太快，食材的芯部不容易炸透，如果太在意是否炸透，又容易把边沿炸焦，炸不脆。重点是火候的变化。炸鸡块的时候，把鸡肉放入油中，最开始的阶段用中火，把鸡肉翻面以后，再慢慢把火加大，最后在高温油中取出，这样可以获得松脆的口感。与此相类似的还有炸土豆、根菜类的天妇罗、炸猪排等，既要花些时间炸熟，又要炸得松脆，就需要运用这种油炸方法。如果从一开始就用大火炸，芯部还未炸熟外皮就已经炸焦了。相反一直用低温小火炸的话，炸好后会特别油腻。

另外，山菜蕨菜类、虾天妇罗、油炸灯笼椒和茄子等，用中温油，快炸是诀窍。所以虽然都是油炸，但是不同的食材，油温的控制都是有所不同的。

再说一句，油炸时蘸上面衣是为了锁住食材本身鲜味不至流失，提升口感。面衣我一般用一半薄力面粉一半淀粉，薄力面粉起到蓬松的作用，淀粉起到松脆的作用。把两者混合使用，吃口立刻会变得外脆内松。

因此，先把这三道菜反复操练，悟到其中的道理，那么就能触类旁通，其他料理制作手艺也就自然而然地精进了。

炖煮料理
——土豆炖牛肉

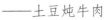

材料（适合制作的分量）：碎牛肉300g　洋葱（中）2个　土豆4个　魔芋丝100g　A（鱼海带汤汁400ml　甜料酒3大勺　酒2大勺）酱油2大勺　盐适量　胡椒少许　麻油1小勺鸭儿芹1束。

在盘子里盛入土豆、牛肉、洋葱、魔芋丝，最后再摆上鸭儿芹。

①牛肉撒上盐和胡椒。洋葱切成6等份，土豆一切二，倒角，冲水。土豆倒角以后，就不易煮碎，炖出来的汤汁也不会那么混浊。魔芋丝焯水后取出，切成合适的长短。

②锅里放入麻油，开中火，加入牛肉煎炒直到出现一些焦黄。为了不让牛肉烧得过细，用木勺稍微压一压牛肉。取出牛肉，用炒出的牛油炒洋葱和土豆，翻炒均匀后加入A，一面去沫一面炖煮。开小火，盖上小锅盖（炖煮时将小锅盖直接盖在菜上，以改善汤汁的循环，防止菜变形）煮8分钟。

③重新把牛肉放回锅内，把魔芋丝放在远离牛肉的地方（魔芋丝里含有的石灰成分会让牛肉变硬），加入酱油和盐煮6分钟左右，自然冷却。要注意的是，加入调味料后就不要再煮开了，因为煮开后味道就不再清爽了。

炒菜
——清炒绿豆芽

材料（易于制作的分量）：绿豆芽
1 包　红辣椒 1/2 根　盐 1/2 小勺
麻油 2 小勺。

装盘。趁热吃是最佳。

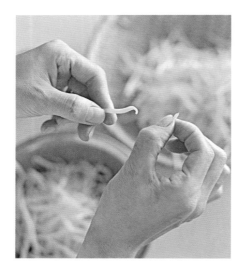

①豆芽去根（豆芽不去根的话，会有杂味）。水洗，沥干。红辣椒去籽、去根，切成小块。

②炒菜锅里放入麻油，加入红辣椒，大火翻炒。热后加入豆芽。用筷子快速翻炒，收去水分的同时也让麻油炒匀，炒30秒左右。

③撒盐，炒匀后马上关火。这个时候炒的时间过长，口感
也会觉得瘪瘪的。

炸鸡块

材料（适宜制作的分量）：鸡腿肉（无皮）500g 生姜2片 A（酱油1大勺 甜料酒1大勺 酒1大勺 盐1/3小勺） 薄力粉2大勺 鸡蛋1个 栗粉4~5大勺 柠檬1/2个 绿橄榄适量 油适量

装盘。摆上切成适当大小的生菜叶和切好的柠檬块。

①鸡肉在常温中解冻，切成适当大小，放入大碗。加入生姜泥和A，用手揉捏，放置15分钟。这样鸡肉会比较入味。不喜欢把手弄脏的人可以把它们装入保鲜袋后揉捏。

②在①里面加入薄力粉和打散的鸡蛋，好好混合。生粉放入容器，把鸡肉蘸上生粉。粘粉时要仔细才能让鸡肉全部蘸上粉。

③锅里加油，开中火。把筷子插入油中，看筷子下部是否有气泡出现。有的话，加入②。炸 3~4 分钟后变成淡焦黄色，翻一面，开大火，升温，变成金黄色，就算完成了。

"菜谱笔记"：我自己的味道

记录"菜谱笔记"，让我时时都可以回看过去的岁月，可能也正是因为这个原因，更让我觉得珍惜当下，过好每一天是那么重要。

因为与工作多多少少有些关联，我至今已做了7年的"菜谱笔记"。所谓的菜谱笔记就是用A5大小IKEA或是Moleskine的笔记本，把日常做菜时所用的食材、分量，以及类似"为了便于烧熟，材料要切得细一些""盖上盖大火煮5分钟"这样的简单提示记录下来而已。至于制作工序都已印在我的脑中，所以这种记录方法是最轻松而又具可持续性的。我会从这些笔记中，挑一些觉得有意思的料理在杂志或是书中介绍给大家。如果在这之后用量上有所变化的，我就会先用铅笔修改，再用数码相机拍照、打印、张贴出来。

经过几年之后再回头看以前做的这些笔记，就会产生类似"那个时候，这种食材很流行啊！""那时候很中意××风的料理"这样的感触，记录了自己是如何一步步制作料理，并从这些细节线索中了解到"自己的味道"是如何逐渐形成的。于是当我对烹饪料理心里没谱的时候，我就会翻一下这些笔记，从中多多少少都会获得一些灵感。

即使是参考杂志或是书籍制作料理，我也会在原有的分量上加上些自己喜好的辣味，或是添加一些自己中意的素材，这些都会让我的"菜谱笔记"变得更让我满意。2人份的菜谱，如果要变化成4人份，不只是单纯的调味料变成原来的2倍，应该在各个环节都要做些调整。在同友人的聚会中学到的料理，以及在外就餐时吃到的菜式，以它们为参考做出的菜肴，用一种固定的格式记录下来。让人觉得不可思议的是，用手写的方式把分量写出来，比在书上看到的那些数字更容易在头脑中留下印象。对我而言书写本身就是一件让人愉快的事情，同时还能提高我的烹饪技艺，积攒这些记录也让我乐在其中啊！

另一个记录"APIKA"的10年日记还在持续中。因为孩子出生的机缘巧合，我记录了孩子每天的饮食，发生的事情，做的料理，在育儿过程中的一些发现和反思等，每天寥寥几句。一天也就几行文字，也不会成为负担，很容易坚持下来，现在已经是第6年了。"辅食阶段吃的是这些食物啊！""感冒的时候喝了××啊！"等，回头看一看孩子就是吃了这些慢慢长大的，身体不适的时候是吃了这些慢慢恢复的。这个日记记录了孩子的点滴成长和变化，比如："今天可以倒挂在铁杆上了""平常是一个害羞的孩子，今天可以自己主动和人打招呼了"，现在回过头再去读这些日记还真让人感到些许怀念啊!

　　写了10年的日记，其好处就在于你保存着各年相同日期的那一页。一面写着新的日记，一面可以追溯到前一年，前两年的同月同日发生的事情。相同的季节吃了哪些食物，当时的身体状况如何，这几年又有了哪些变化，时时都可以回看过去的岁月。可能也正是因为这个原因，更让我觉得珍惜当下，过好每一天是那么的重要。

Moleskine笔记本的永久保存

在餐厅吃饭，如果被料理的美味所感动的话，我会回家用我自己的方法，再现这种口味，把材料和相关数据都记录下来。

快乐做四季便当

便当能给人带来不同的美食记忆，用应季的新鲜食材及一颗爱家的心，就是做出美味便当的秘诀。

便当能给人带来不同的美食记忆，用应季的新鲜食材及一颗爱家的心，就是做出美味便当的秘诀。儿子上幼儿园三年，我们家的便当也就做了三年。因为我的工作和烹饪有关，所以做便当这件事本身对我而言并不是件苦差，只是如何让胃口小的儿子可以充分吸收营养却是时常让我犯愁的一件事。每当我打开孩子带回家的便当盒，看着里面还剩了不少没吃的时候，总免不了让我叹气。这样的情况持续了相当一段时间。

不过有一天，幼儿园的老师告诉我："今天孩子把所有的便当都吃完了，好高兴啊"！我突然意识到，孩子可以从"我今天把便当都吃完了"这件事中体会到一种成就感，也非常重要啊！换一个角度来考虑，我完全可以在家庭早餐和晚餐时补足他所需要的营养，而便当的重点就是让他吃得快乐，吃得开心。

我家孩子最爱吃的就是炸鸡块了，在做晚餐时我常会多做一些，冷冻保存起来以后做便当时使用。或是为了便于让他多吃些米饭，我也会做一些紫菜卷或是饭团之类的，量既不要太多也不要过少，最好是恰好能吃完的量。这样把便当吃个精光的日子渐渐多了起来，也激发了我做便当的欲望，从而形成了一个良性的循环。从这件事我明白了"可以感受到快乐"才是能够让一件事持久做下去的关键所在。

孩子从幼儿园毕业进入小学以后，学校是提供午餐的，我做便当的日子就告一段落。不过有时我也会在早上，为在家工作的先生和自己做上一个便当。

当我因为工作需要在家里摄影，午饭时间使用我家的厨房和起居室的时候；当我先生不得不在工作房间吃午饭的时候，或是我实在太忙而没有时间做午饭的时候，就是"我家便当"登场的时候了。

吃便当的好处在于，可以事先做好，以及吃的时候轻松简便不需要什么器具。吃完后也省去了洗餐具的麻烦。做早餐的时候就可以把便当一起做了，非常省时，而且更不可思议的是只要把便当放入便当盒，立刻就会让人觉得美味可口。

是否从中感受到快乐是我比较关注的点，所以在做便当的时候，我很注意能否表现出不同的季节感。比如只在春季才有的春笋饭，或是把用新土豆、新胡萝卜等做的小菜放入便当。到了夏天，意味着可以起到杀菌作用的醋饭也是大受欢迎。既可以做油炸豆腐寿司，也可以做醋拌饭。秋天则是蘑菇菜饭、秋鲑鱼的季节。我先生最喜欢银杏豆了，晚餐的时候可以放一些，第二天做便当时也可以作为一味小菜。到了冬天，寒冬可以增添根菜和叶菜的甘甜味，这个季节我会更多地用这些蔬菜做成味道浓郁的便当。

为了可以让这样的便当生活得以持续，从外形入手非常重要。孩子倾向选择自己喜欢的卡通形象便当盒，而妈妈们的乐趣却在于是否能在便当盒中塞入更多的饭菜。我比较喜欢圆筒形的木质便当盒和漆器的便当盒，本以为孩子会觉得不够活泼，没想到他倒也用得挺高兴。如果是我自己用的便当，我比较喜欢用包布或是头巾包在外面，这样也可以为我的午饭时间增添一抹色彩。

有时也会使用饭桶 ↗

我最爱用"柴田庆信商店"的圆形餐盒、电镀铝做的便当盒、漆器便当盒。包布多是利用 Libeco 或是 Margarethowell 的桌布。

也会有"今天不想做饭"的日子

平常做饭这件事对我来说是可以用来消解疲劳的，在"今天不想做饭"的日子，我就做一道用一个锅子就能完成的料理。

　　即便再忙，也乐意亲手为家人烹饪美味的食物。平常，做菜这件事对我来说是可以用来消解疲劳的。即便是这样，也会有"今天不想做饭"的日子。当然去外面吃饭是一个解决方法，可问题是有时候连外出吃饭也成了一件累人的事情。

　　这个时候我做的常常就是一道用一个锅子就能完成的料理。把好几种蔬菜切好和肉一起放入锅中焖煮，或是把冰箱里剩下的蔬菜都切了做汤。在P186中我介绍了一些，利用早上的时间把食材事先切好后入锅，然后放入冰箱保存，晚上只需点上火就行。有了这样的"一锅"比什么都会让你有足够的安心感。

　　更有甚者，我有的时候连菜刀都懒得拿，那么这天的晚餐就只能是煮米饭了。我有时在想"我们总能做到哪怕只有米饭也能吃得津津有味"，这个时候就没有必要去做这样那样的小菜了。在用砂锅煮的白米饭上添一些冰箱里有的常备菜。不可思议的是只要这么一些，就可以把"明天还是要加油努力"这样的干劲传递到疲惫不堪的身体的每一处。

另外，搭配米饭的常备菜多是利用做汤汁剩下的鲣鱼干和海带做成的。做便当或是没时间做饭时常常用到它们，虽然不是什么考究的小菜，但它们却是特别的下饭。

我们家吃的米是从岛根县寄来的有机栽培コシヒカリ玄米。因为我们家是白米和玄米轮换着吃。所以每当我们吃白米的时候我们就自己碾米。让人高兴的是因为有了自己的碾米机，可以有5分玄米、7分玄米（分别剩余5分、3分营养价值高的玄米糠部分）的不同选择。我家使用的碾米机是由料理人道场的六三郎先生监制"山本电器"生产的。这台碾米机结构紧凑，不占什么地方，每次碾米也就花2分钟左右的时间。可能很多人都会觉得碾米是一件不那么简单的事情，不过习惯了以后，真的就不会觉得有多么麻烦了。

甜煮干制鲣鱼

材料（易于操作的分量）：用来煮好汤汁后的鲣鱼干
A（味啉3大勺 酒2大勺）
B（松仁30g 酱油1大勺 盐1/3小勺）

①在锅里放入鲣鱼干和A，开小火。用木铲勺一面把
鲣鱼干弄碎，一面炒煮，直到收干水分。
②加入B，充分炒透，注意不要炒焦。

甜煮海带

材料（易于制作的量）：用来做好汤汁后的海带400g
A（味啉100ml 酒50ml 醋2大勺） 酱油100ml

①把海带切成3cm大小的方块。
②锅里放入①、A、水400ml，开中火，盖上小一圈的
锅盖煮15分钟。
③加入酱油，小火，盖上小锅盖煮30分钟。

早上饭做好后盛入饭桶，可以一直保存到晚上也没问题。冬天吃的时候再蒸一下，夏天就这样吃。绝对比放在电饭煲里要美味许多。

吃美味的食物，就要使用新鲜的食材

选购新鲜的食材，吃美味的食物，用温和的心，享受生活的每一刻。

因为工作的缘故我常要去采购一些食材，我就会确定好每月家庭餐食费的开支金额，在这中间安排调度。我常会被问道"这样不会和工作上的钱搞混吗"，因为我有一个餐食费专用的账号，所以有多少余额是一目了然的。一到月末，我就会对照着当月的余额，围绕各种考量安排采购。不过在这有限的餐食费用中，唯有米和调味料的花费是绝对不能小气的，因为对我而言它们是饮食生活中最基本的两样。

基本的食材我都会使用每周一次从"地球人俱乐部"配送来的有机、低农药蔬菜和无添加食品。然后再加上每周1~2次去附近店家买些，作为不足部分的补足和调配。

关于食物，我的想法很简单。如果想要吃美味的东西，就要买使用新鲜的食材。当然选择有机食材图的就是"安全、放心"，不过最重要的还是要好吃。连皮带根都可以食用，扔掉的部分很少，而且由于栽培得健硕，有机食材还是很能存放得住。好好照料的话，最后几乎所有的部分都能吃完不会浪费。买的时候虽然觉得价格有些偏贵，但是综合来看还是经济实惠的。

至于蔬菜和鱼鲜，尽可能选择当令的食材，这点很重要。当季的食材供应量多，价格也便宜，这个时候大自然更是为我们提供了最高的营养价值。在杂志、书籍中，我也是优先介绍当季的食材，家庭用的基本上也不会出高价买那些反季节的食材。

为了减少浪费，还要经常掌握冰箱中食材的储存状况，心里牢记买回的食材一定要物尽其用。我觉得这样就能得到最经济的餐食费用的安排筹划。生活虽然忙碌，但每天在厨房做饭的心情却充满阳光。

亲手制作的羹汤，每天都吃不腻

让人觉得不可思议的是用天然食材制成的高汤或是汤汁，每天吃都不会腻。动物性的食材用1种就可以了，蔬菜类的话2~3种搭配使用比较合适。

　　我不使用"固体速溶汤料"或是"速溶汤汁"。虽然我知道它们用起来确实方便，特别是在忙的时候，可是我觉得用它们做出来的料理都是一个口味，是一件很无聊的事。化学调味料，入口的那一瞬间确实对你的味蕾有冲击力，不过很容易吃腻。相对而言，让人觉得不可思议的是用天然食材制成的高汤或是汤汁，每天吃都不会腻。

　　很多人都认为高汤只能用鸡骨架、牛筋肉、猪骨等动物性的食材熬制而成，可大家却有所不知，如果加入胡萝卜就可变成胡萝卜口味，加入洋葱就能做成洋葱风味的汤汁，添加不同的食材，就可制成风味各异的汤汁来。因不同的食材，而能品尝到只属于这一天这一时刻的美味汤汁，这种烹饪的美妙，是速溶汤汁所不能给与的。

　　日式汤汁暂且不论，我还经常会听到大家说西式和中式的高汤非常难做。这个时候只要记住"选用容易出味的食材熬汤"和"组合搭配要相得益彰"这两个要点，制作高汤就非常方便了。

西式汤汁，"鸡肉+白葡萄酒+月桂"是固定搭配。平日喝剩的，几百日元一瓶便宜的葡萄酒，就绰绰有余。如果手头没有鸡肉的话，用香肠、培根都可以替代。鱼贝类也是制作汤汁的好原料。去除腥味，不要忘了最好和白葡萄酒一起加入一些香草。我一般会选用迷迭香、牛至、普罗旺斯混合香草。

中式高汤，一般会用"干虾、干香菇、干贝等干货+浸泡干货的汁水+绍兴酒"这样的组合。干货浓缩的鲜味，加上绍兴酒的醇香，产生了风味独特的深厚回味。不只限于中式高汤，用水煮扇贝、蛤仔、鲜香菇或是金针菇做出的鲜美汤汁，和中式料理的调味也很搭配。

动物性的食材用1种就可以了，蔬菜类的话2~3种搭配使用比较合适。汤汁那回味无穷的鲜美都是来自食材，一旦能够意识到这一点，我觉得对烹饪的认识和态度也一定会有大大的改变。

加入巧思，烹饪食物

烹饪料理也好，做家务也好，爱生活就要运用巧思和发现，"调出"自己的味道。

常常会听到大家吐槽说"饭桌上的菜翻不出新花样，老是那几道"。每天做饭，如果有意识地选用当季的食材，做出的菜很容易重复，味道也会变得千篇一律。如果长此以往的话就会渐渐依赖上即食食品，因为大家都有一个强烈的共同意识："料理=调味"。那么我们是否可以另外再拓宽一些思路呢！

比如说，土豆用橄榄油和盐简单调味，或炒或蒸或煮，就可以变化出各种不同的口味。炒，香味浓郁；蒸，松软热腾；煮，口味温和。这样就成了三道风格迥异的料理。在这之上，"炒出的香味上再添加一些咖喱粉或是辣椒粉试一下""蒸出的松软土豆上不妨再加上些洋葱的甘甜"，可以根据当天的身体状况或是家人的喜好，发挥更多的想象。说不定这里就蕴藏着诞生"我家的味道"的契机呢！

另外，蔬菜的切法也能让口感发生不少的变化。比如说莲藕，是切成薄片，还是竖着切更有咬劲，或是切碎，口感完全不同，甚至有时你都会怀疑这是不是同一种食材。口感发生了变化，就能演变出完全不同的几道料理。

接下来我就向大家介绍两道料理，都是以"胡萝卜、盐、橄榄油"为主材，但是味道却迥然不同。生胡萝卜丝做成"腌拌胡萝卜丝"，口感脆爽，很有魅力；而切成片来煮可以做成"榄香煮胡萝卜"，更能突显胡萝卜的香软甘甜。

拓宽烹饪的思路，除了调味以外，还有许多其他的方法。我们不妨先从烹饪方法和食材切法的改变开始尝试。我觉得从这里开始拓宽的可能性是值得我们期待的。

烹饪料理也好，做家务也好，爱生活就要"调出"自己的味道。

腌拌胡萝卜丝

材料（易于制作的分量）：胡萝卜1根　盐1/2小勺
A（白葡萄酒西洋醋或醋2小勺　甜菜糖1撮　盐少量）　橄榄油2小勺　粗磨
黑胡椒少量

①胡萝卜切丝撒上盐后轻搓，放10分钟，挤掉水分。

②碗里放入①，再加入A，拌开。再加入橄榄油和黑胡椒，稍加拌匀，装盘。
根据喜好适当调整黑胡椒的用量。

橄榄香煮胡萝卜

材料（易于制作的分量）：胡萝卜1根　大蒜头1/2片
A（水350ml　白葡萄酒1大勺　盐1/2小勺　月桂1张）
B（橄榄油2小勺　黑粒胡椒少许）

①胡萝卜切成1cm厚的圆片，用刀背轻轻地碾拍胡萝卜。

②锅里放入①和A，开中火，煮开后改小火，盖上盖煮10分钟左右。煮软后加
入B，关火。

每天都以精致优雅之心对待一器一物、一餐一饭。